DORÉE à épaule armée.   ZEUS pungio n.

Werner del.   Impr.e de Langlois.   Pierre sculp.

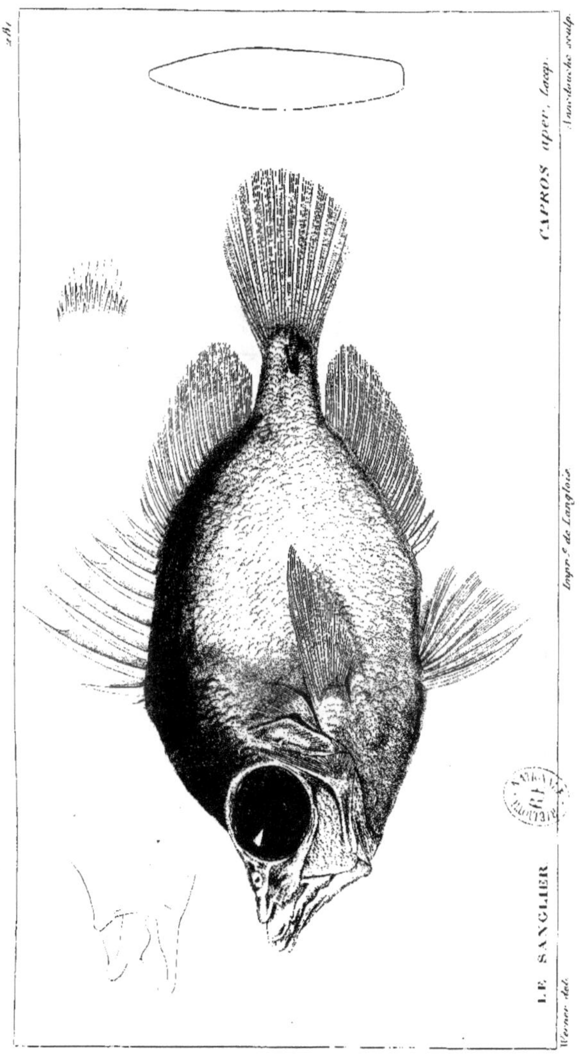
LE SANGLIER
CAPROS aper, Lacep.
Werner del.
Impr.e de Langlois
Laurdouche sculp.

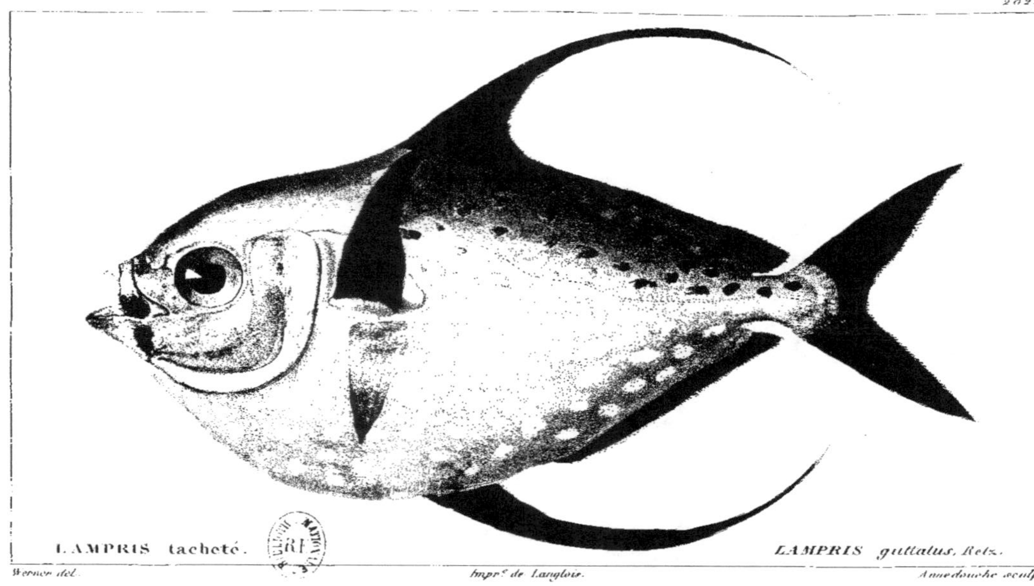

LAMPRIS tacheté.   LAMPRIS guttatus. Retz.

Werner del.   Impr.e de Langlois.   Annedouche sculp

EQUULA de Dussumier.

EQUULA Dussumieri, nob.

Impr. de Langlois.

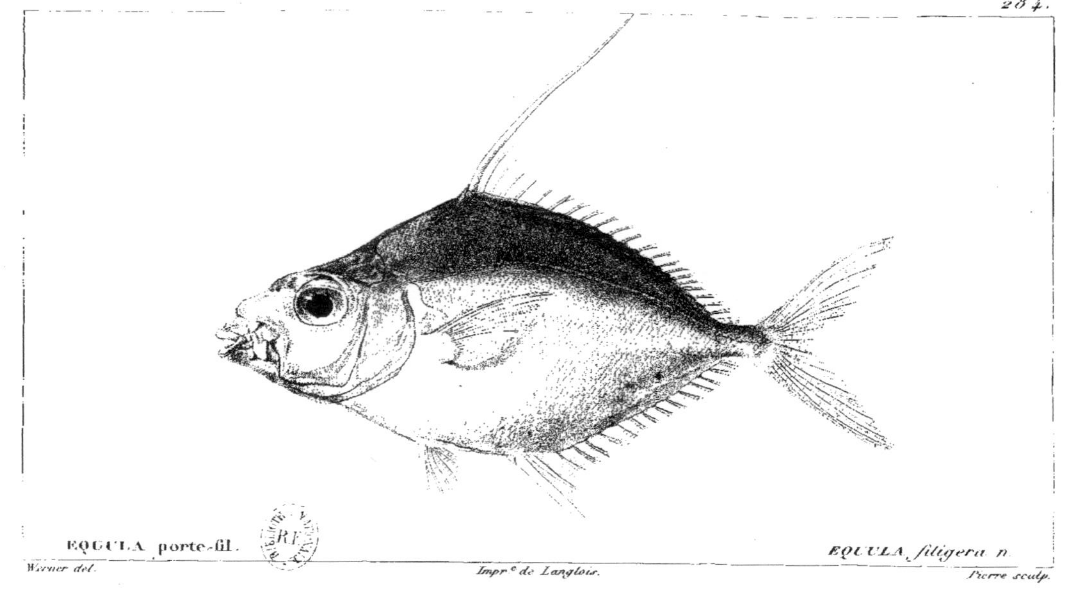

EQUULA porte-fil.

EQUULA filigera n.

Werner del.

Impr.e de Langlois.

Pierre sculp.

MÉNÉ Anne-Caroline Lacep.
MENE maculata n.
Werner del.
Impr. de Langlois.
Pierre sculp.

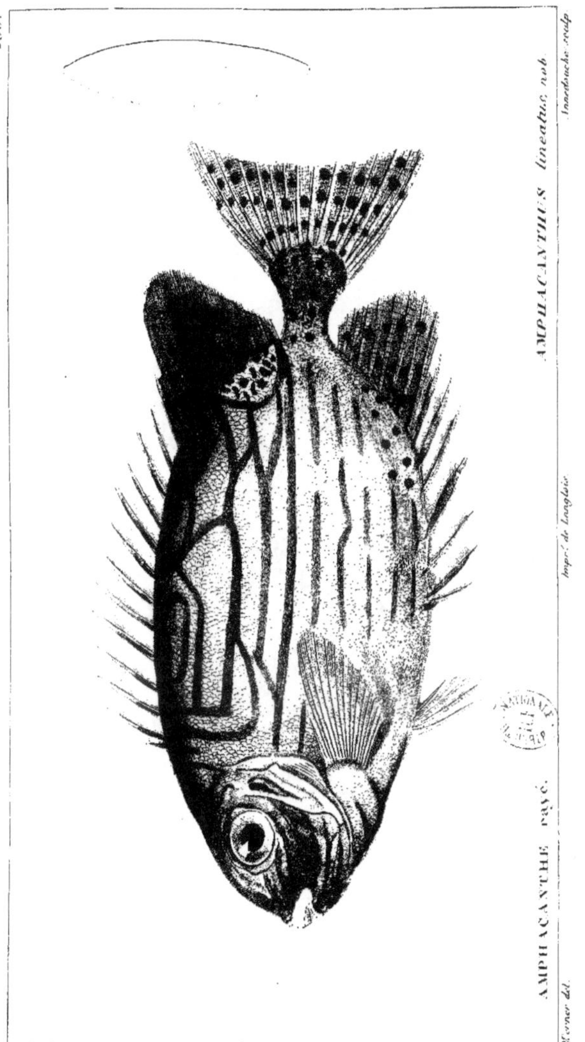

AMPHACANTHE rayé.

AMPHACANTHUS lineatus nob.

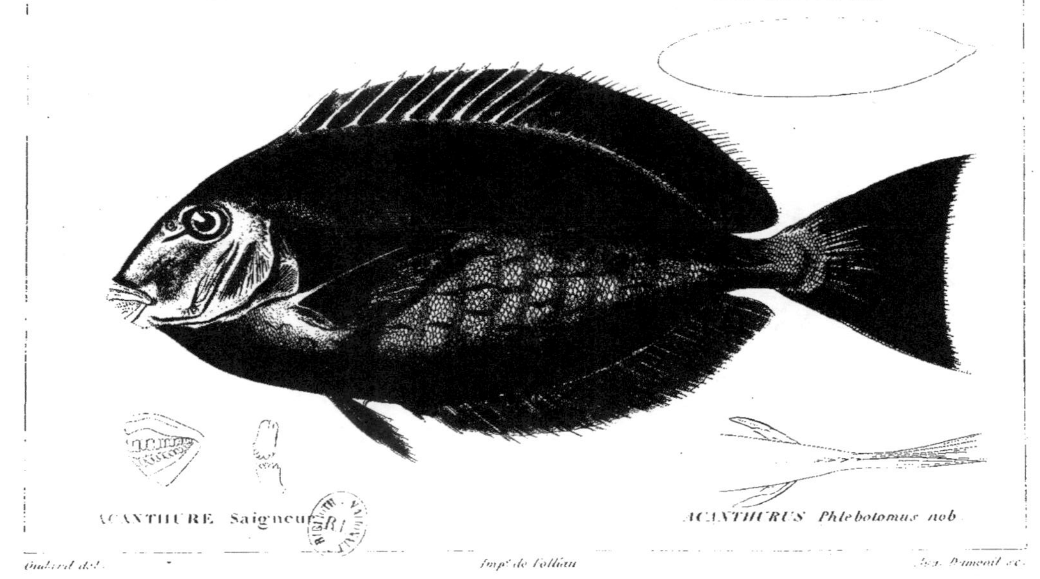

ACANTHURE Saigneur
ACANTHURUS Phlebotomus nob.
Oudard del.
Imp.e de l'ollien
Ant. Dumenil sc.

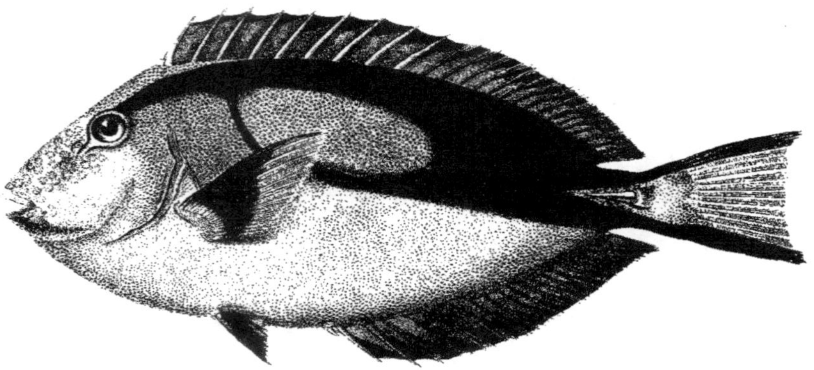

ACANTHURE hépate.   ACANTHURUS hepatus Bl.

Imp.t de Langlois.   Pierre sculp.

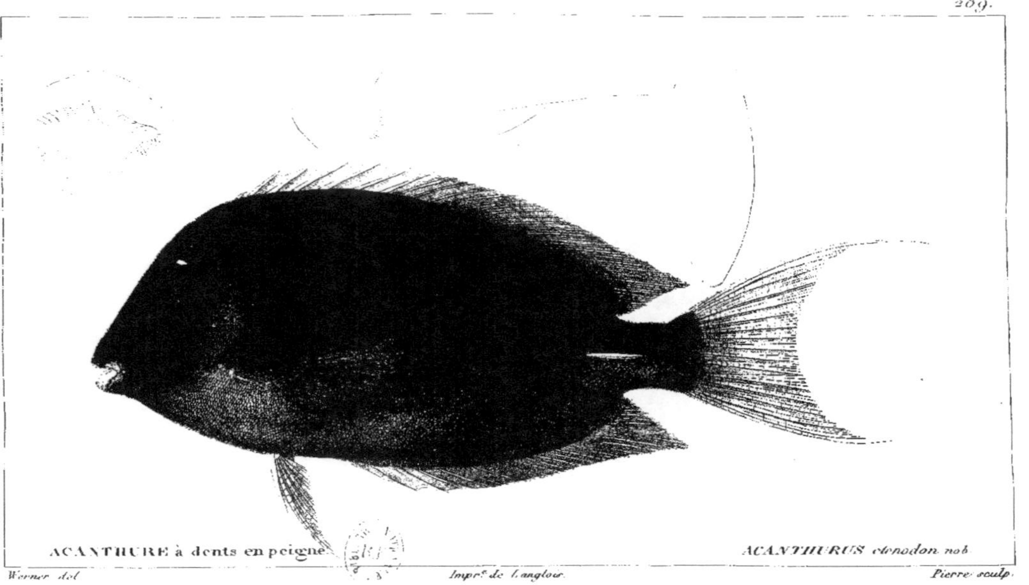

ACANTHURE à dents en peigne.   ACANTHURUS ctenodon. nob.

Werner del.   Impr.^e de Langlois.   Pierre sculp.

ACANTHURE à brosses.   **ACANTHURUS scopas. nob.**

Oudart del.   Impr. de Langlois.   François sculp.

NASON à museau court.　　　　NASEUS brevirostris. nob.

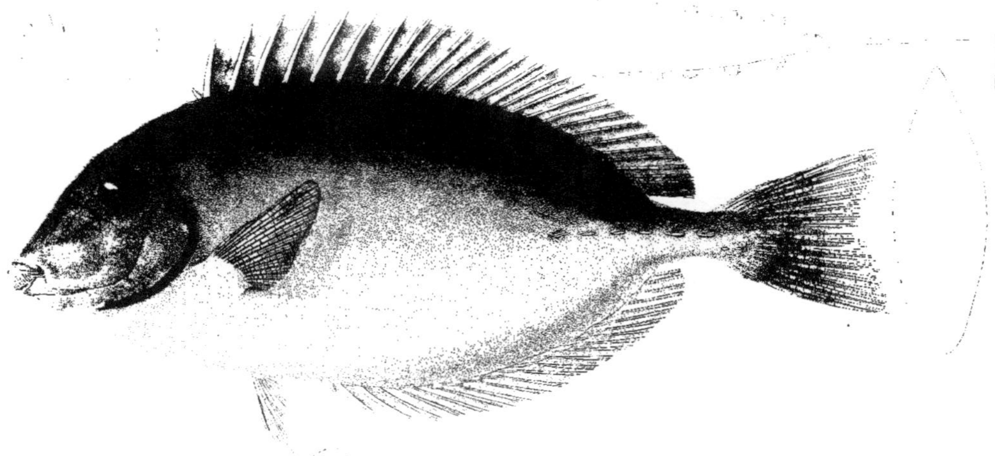

PRIONURE microlépidote.

PRIONURUS microlepidotus. Lacép.

Werner del.

Impr.ᵉ de Langlois

Pierre sculp.

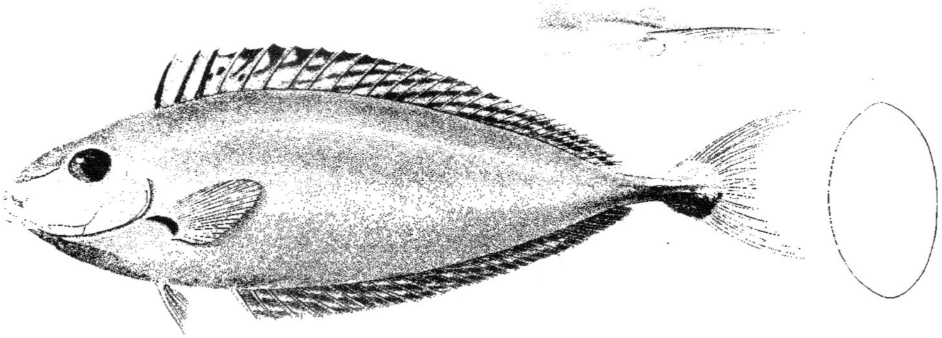

AXINURE Thynnoïde.

AXINURUS Thynnoïdes. nob.

Werner del.

Impr.e de Langlois.

Aug.te Duménil. sculp.

PRIODON annulaire.
PRIODON annularis nob.

KÉRIS à goître.
KÉRIS anginosus. nob.

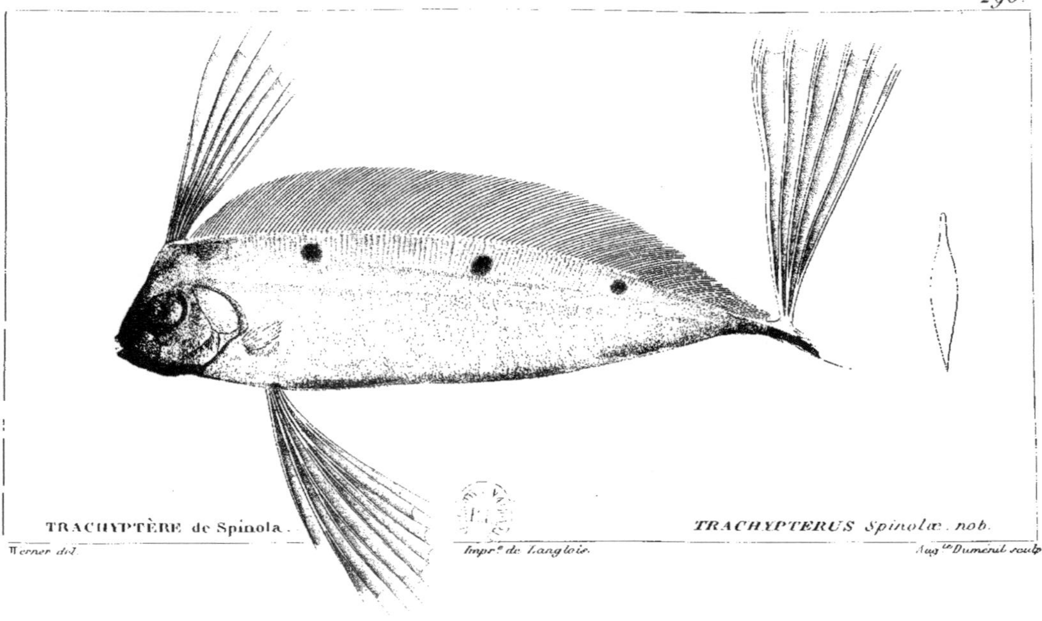

TRACHYPTÈRE de Spinola.

TRACHYPTERUS Spinolæ. nob.

Werner del.

Impr.e de Langlois.

Aug.te Duméril sculp.

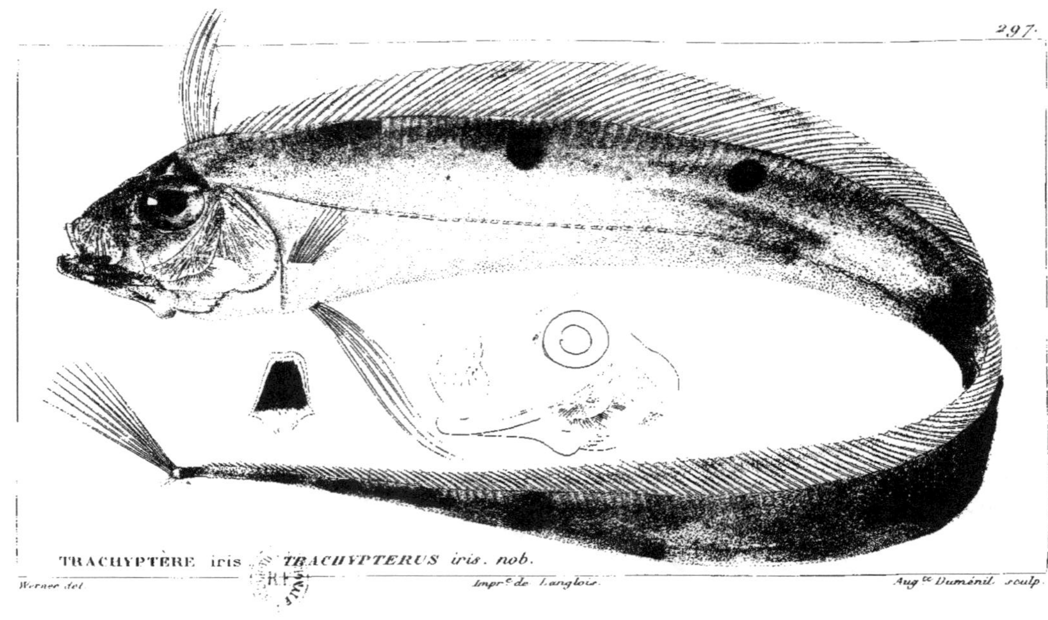

297.

TRACHYPTÈRE iris. *TRACHYPTERUS iris*. nob.

Werner del.   Impr.e de Langlois.   Aug.te Duménil sculp.

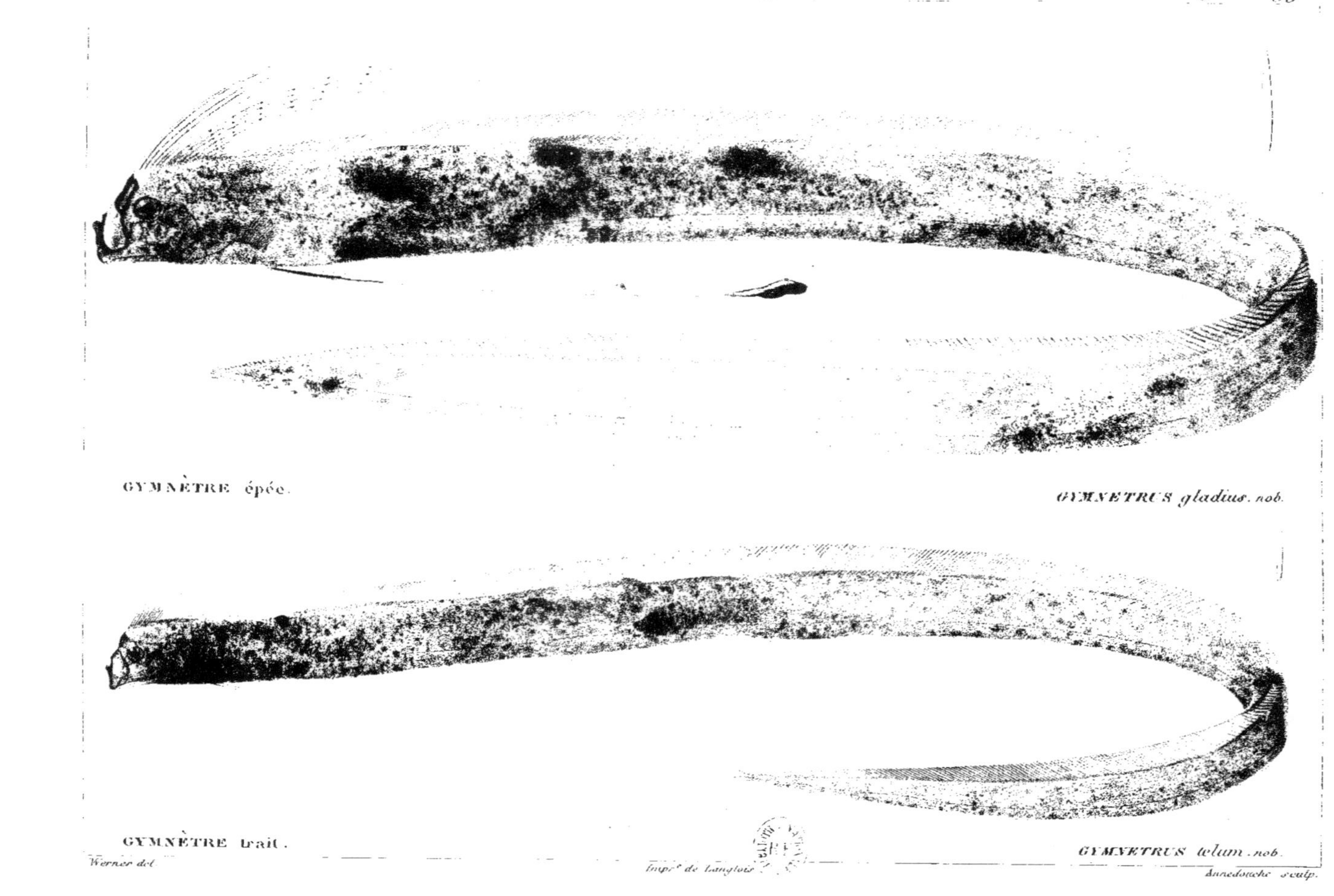

GYMNÈTRE épée.

GYMNETRUS gladius. nob.

GYMNÈTRE trait.

GYMNETRUS telum. nob.

Werner del.

Impr° de Langlois.

Annedouche sculp.

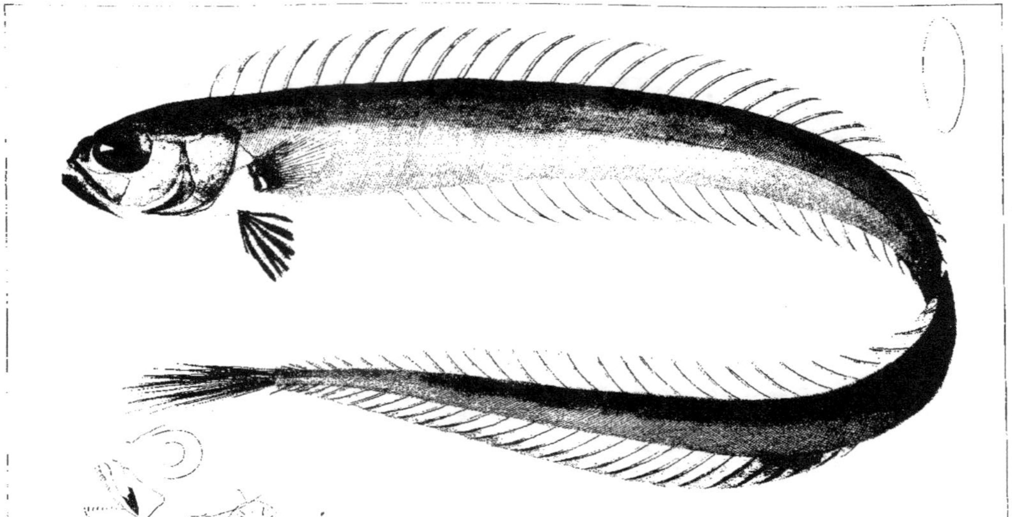

CÉPOLE rougeâtre.   **CEPOLA** rubescens. Lin.

Werner del.   Imprie de Langlois.   Annedouche sculp.

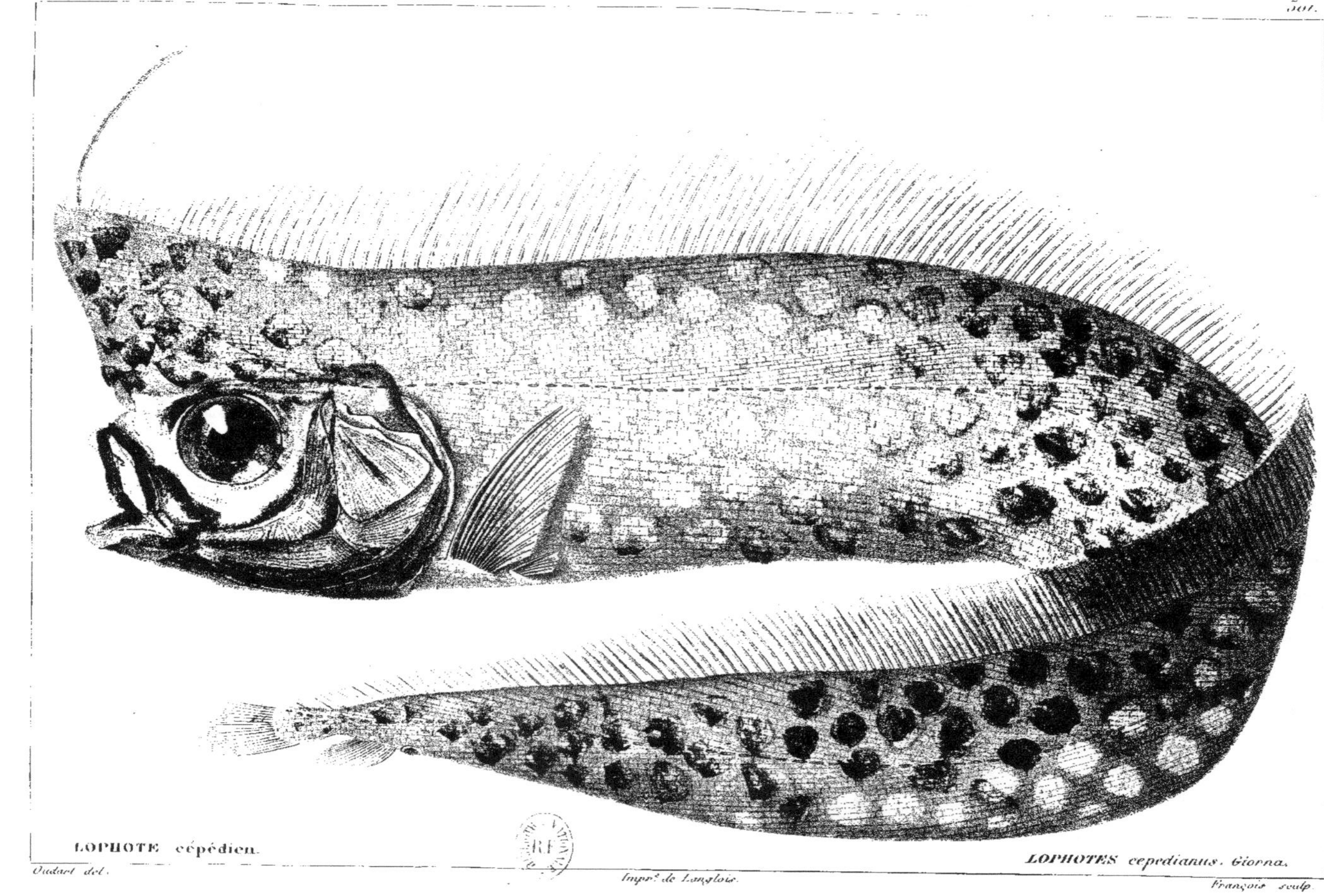

LOPHOTE cépédien.

Oudart del.

Impr.e de Langlois.

LOPHOTES cepedianus. Giorna.

François sculp.

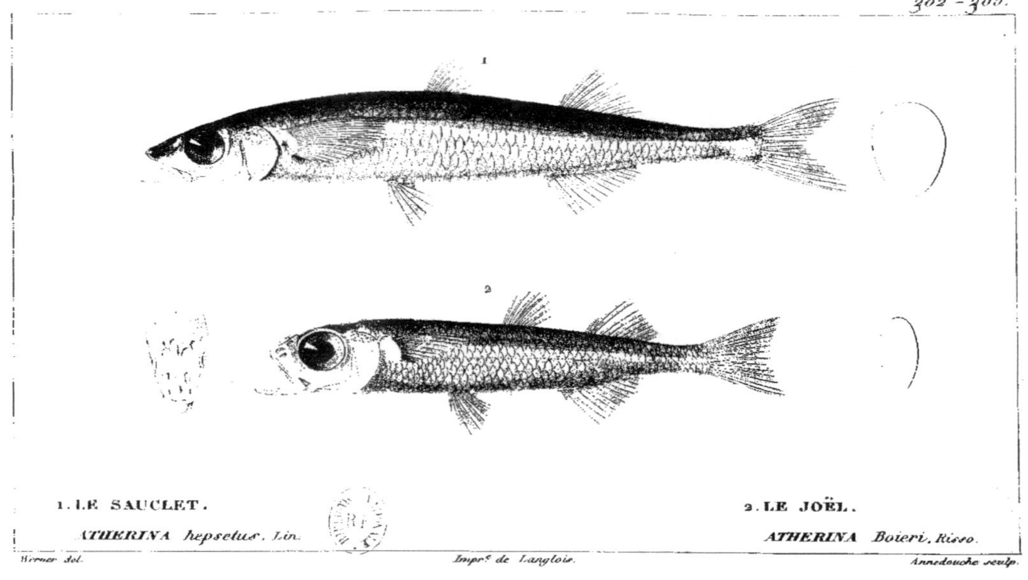

1. LE SAUCLET.

ATHERINA hepsetus. Lin.

2. LE JOËL.

ATHERINA Boieri, Risso.

Werner del.

Impr.^e de Langlois.

Annedouche sculp.

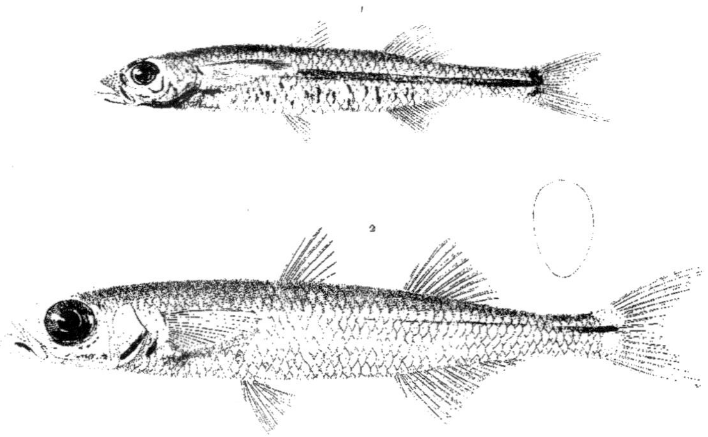

1. ATHÉRINE mochon.
ATHERINA mochon. nob.

2. ATHÉRINE abusseau.
ATHERINA presbyter. nob.

P. Oudart del. — Impr.ie de Langlois — Pierre sculp.

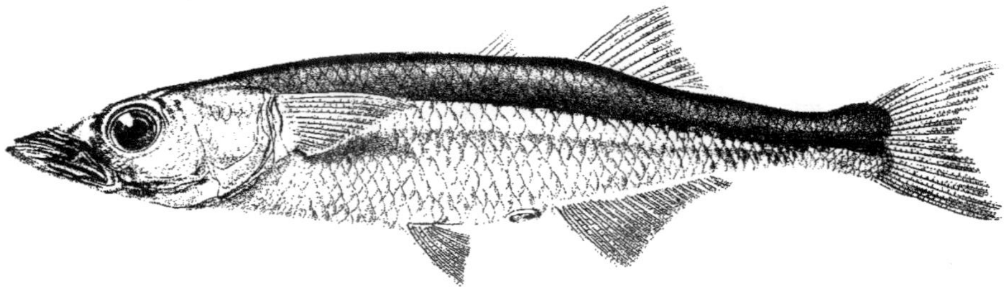

ATHÉRINE de Humboldt.   ATHERINA Humboldtiana nob.

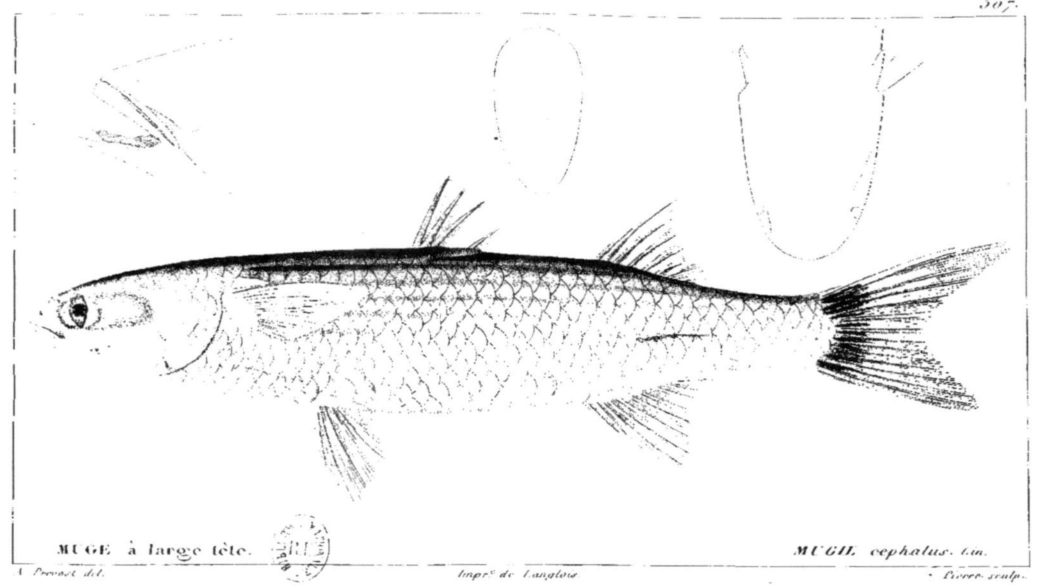

MUGE à large tête.　　　　MUGIL cephalus. Lin.

A. Prevost del.　　　Impr.e de Langlois.　　　Piérre sculp.

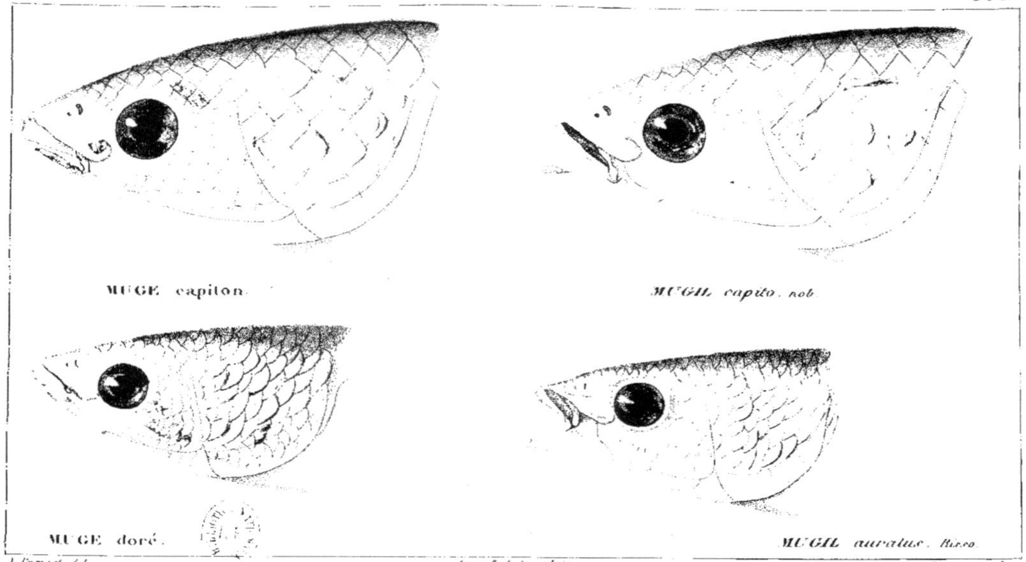

3o8.
MUGE capiton.
MUGIL capito. nob
MUGE doré.
MUGIL auratus. Risso
A. Prevost del.
Impr.e de Langlois.
Pierre sculp

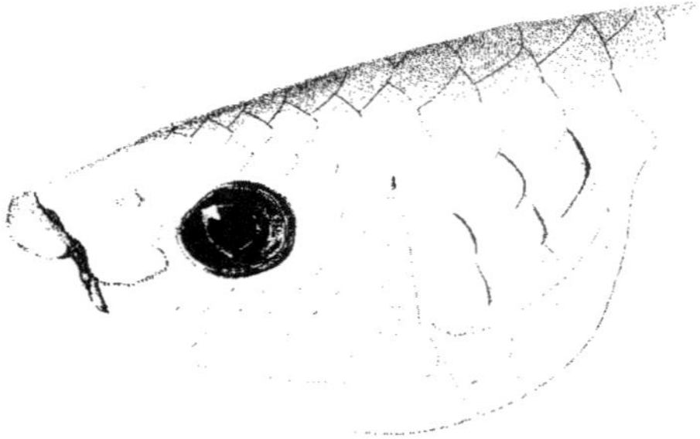

MUGE à grosses lèvres.

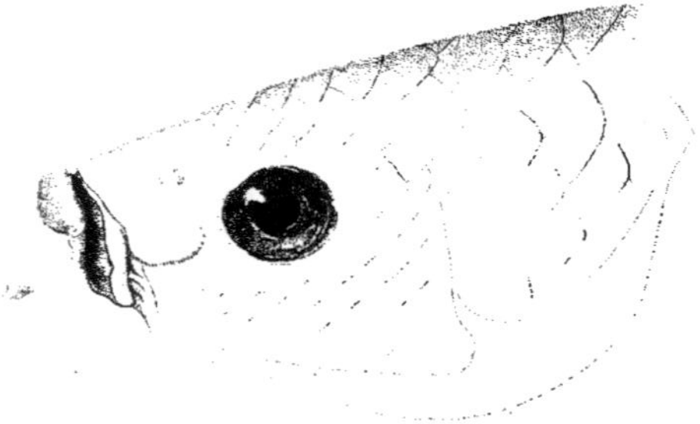

MUGIL chelo. nob.

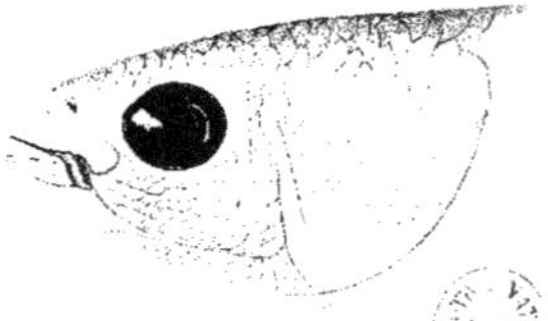

MUGE sauteur.

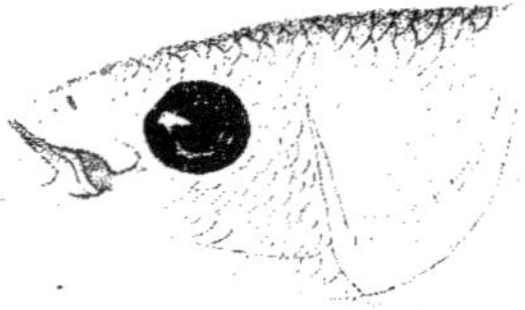

MUGIL Saliens. Risso.

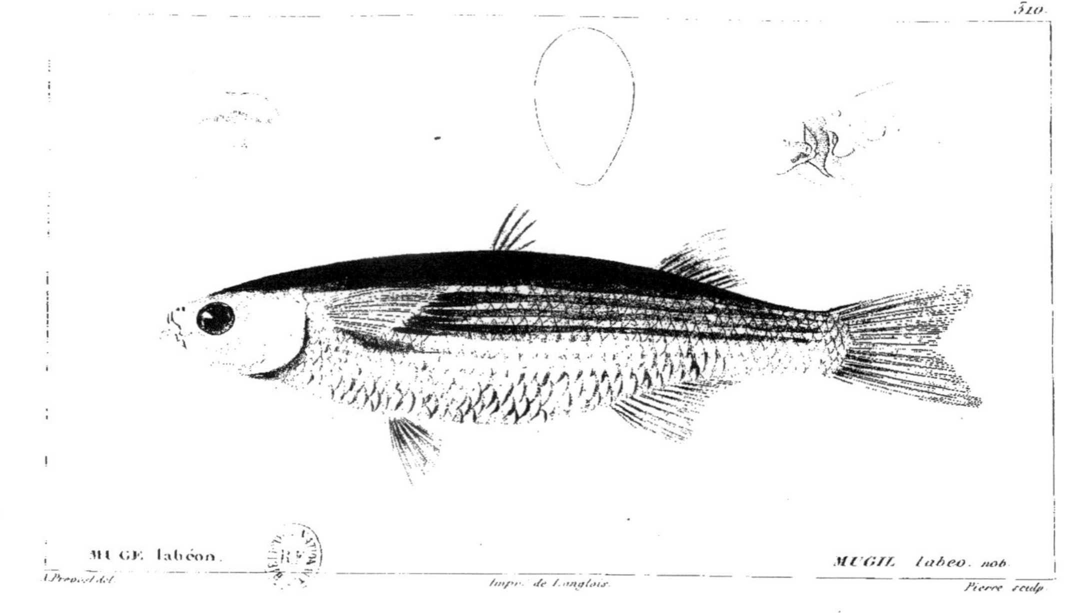
510.
MUGE labéon.
A.Prevost del.
Impr. de Langlois.
MUGIL labeo. nob.
Pierre sculp.

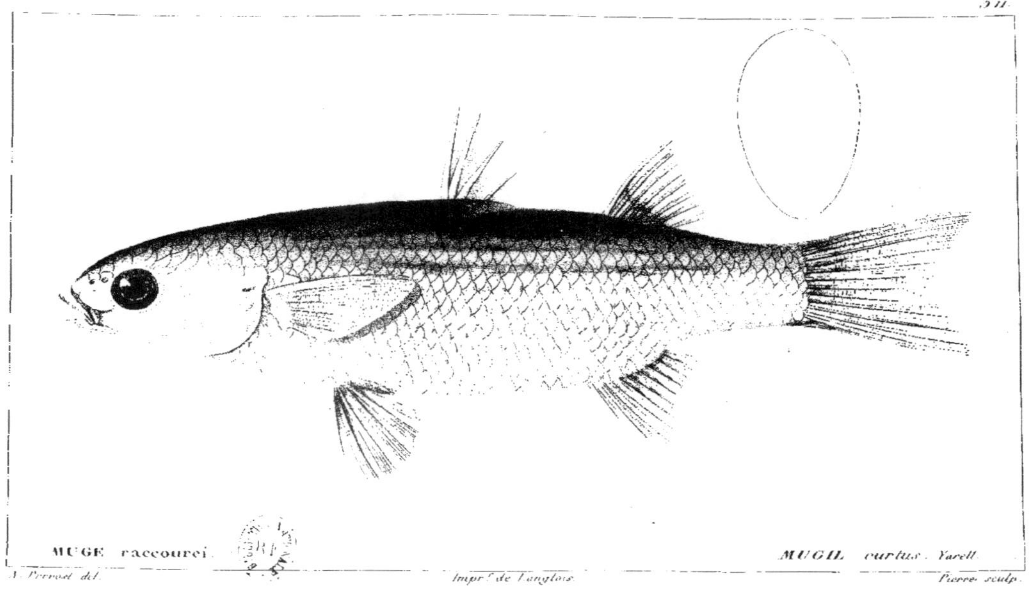
511
MUGE raccourci.
MUGIL curtus. Yarell.
A. Perrot del.
Impr.e de Langlois.
Pierre sculp.

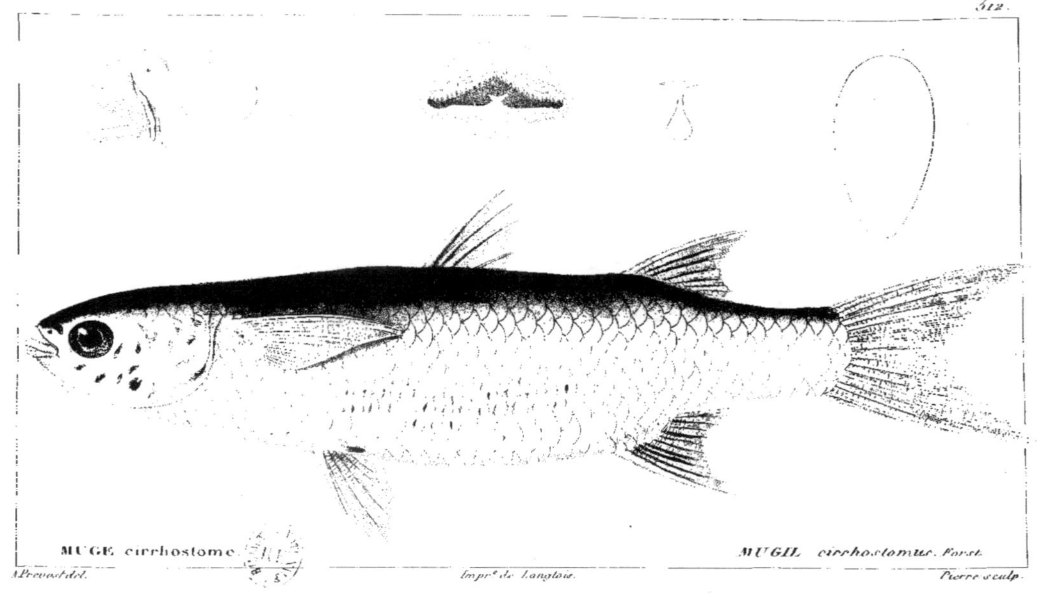

312.
MUGE cirrhostome.
MUGIL cirrhostomus. Forst.
A.Prevost del.
Impr. de Langlois.
Pierre sculp.

MUGE à dents recourbées.

MUGIL curvidens.

MUGE à nageoires jaunes.

MUGIL meliñopterus, nob.

Werner del.

Impr.ᵉ de Langlois.

Pierre sculp.

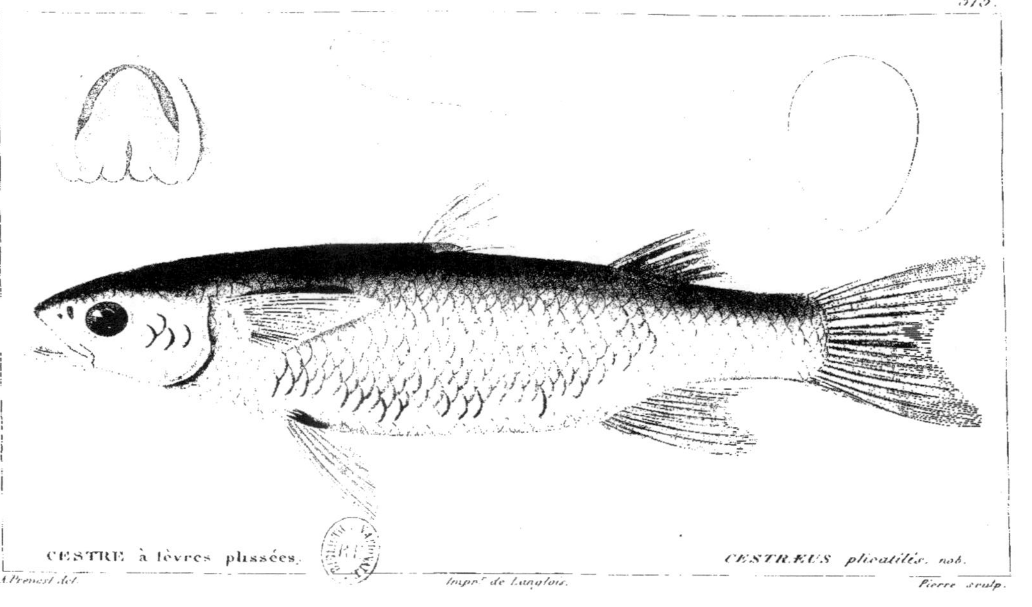

CESTRE à lèvres plissées.
CESTREUS plicatilis. nob.
A.Prevost del.
Impr. de Langlois.
Pierre sculp.

DAJAO des montagnes.

DAJAUS monticola, nob.

Werner del.

Impr.ᵉ de Langlois.

Pierre sculp.

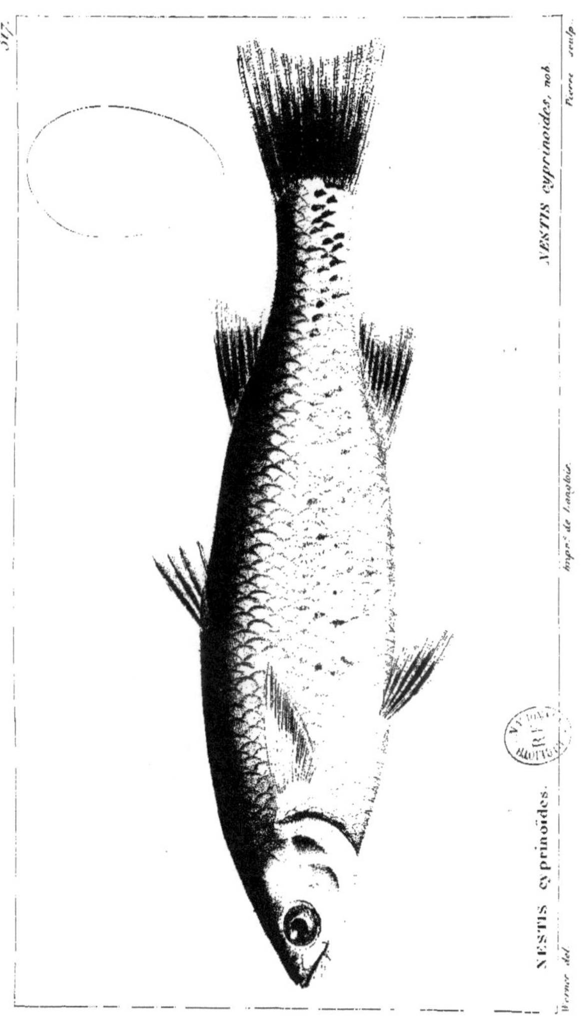
517
NESTIS cyprinoïdes.
Werner del.
Impr. de Langlois.
Pierre sculp.
NESTIS cyprinoïdes, nob.

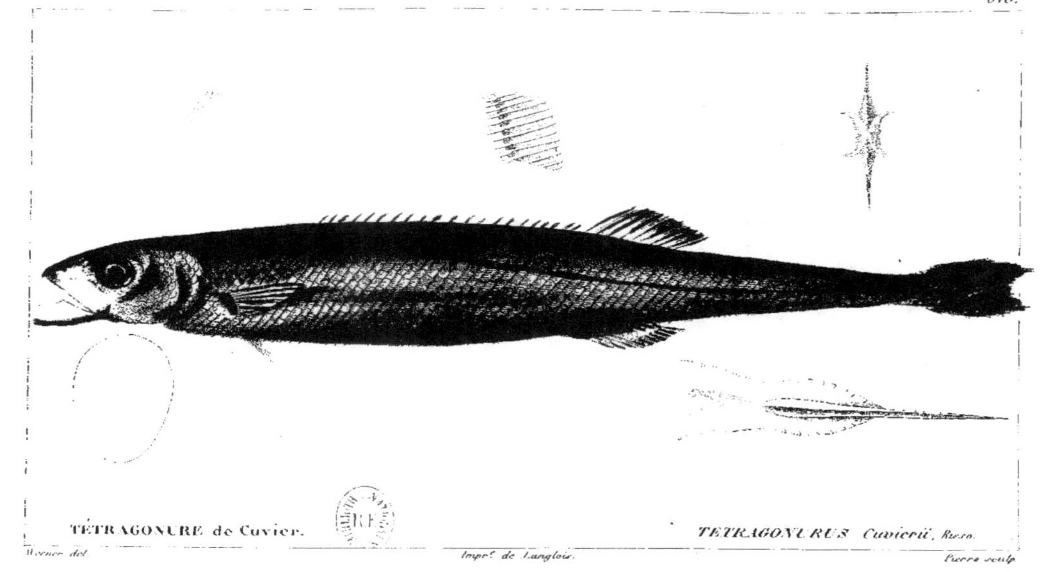

TÉTRAGONURE de Cuvier.

TETRAGONURUS Cuvierii, Risso.

Werner del.

Imp.r de Langlois.

Pierre sculp

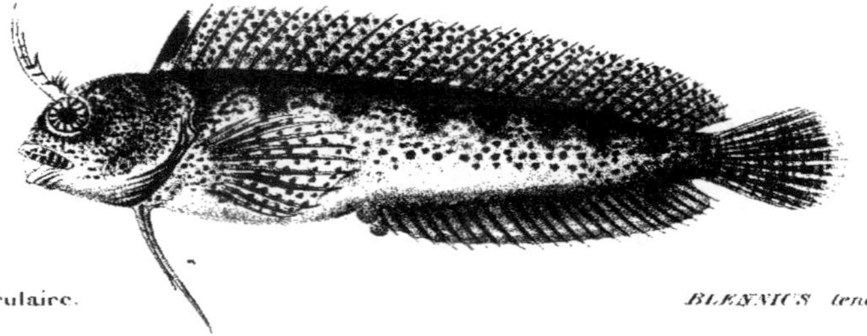

BLENNIE tentaculaire.

BLENNIUS tentacularis. Brunnich.

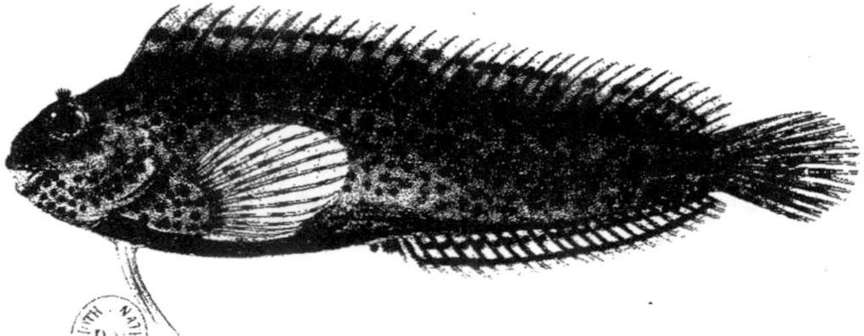

BLENNIE palmicorne.

BLENNIUS palmicornis. nob

F. Oudart del.

Impr. de Langlois

Victor sculp

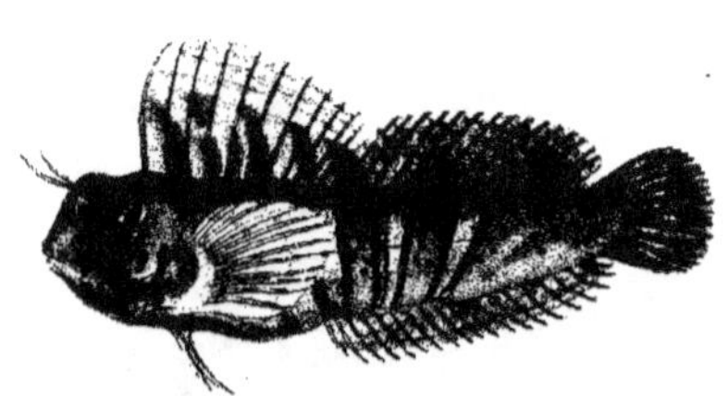

BLENNIE sphynx.   BLENNIUS sphynx, nob.

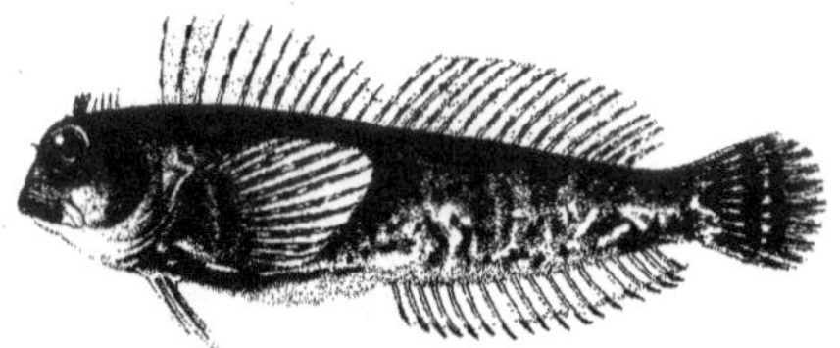

BLENNIE de Montagu   BLENNIUS Montagui, Flemm.

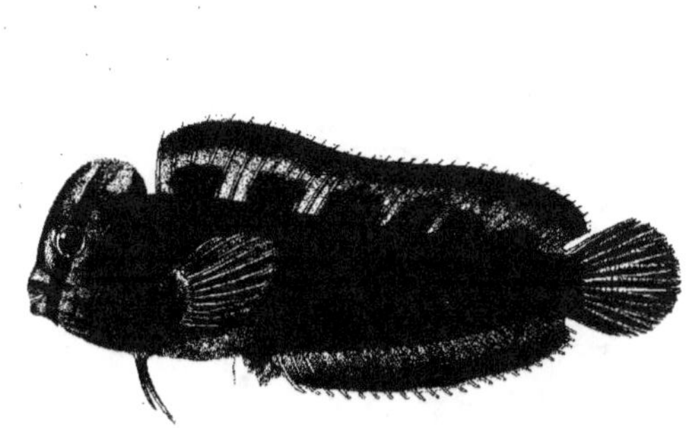

BLENNIE Paon.   *BLENNIUS pavo*, Risso.

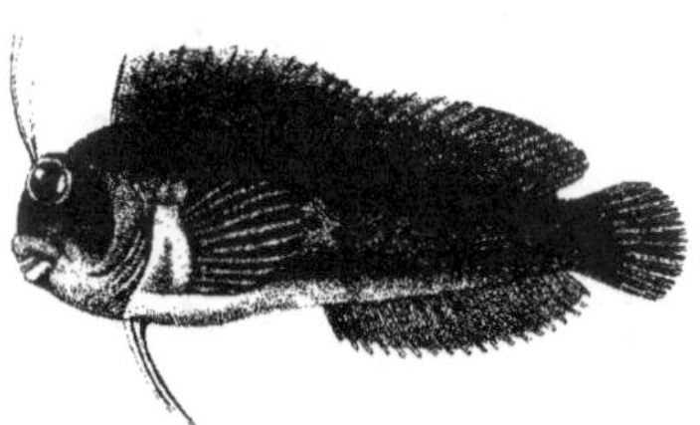

BLENNIE des fucus   *BLENNIUS fucorum*, nob.

PHOLIS smyrnéen.

PHOLIS smyrnensis nob.

BLENNECHIS filamenteux.

BLENNECHIS filamentosus nob.

Oudart del.

Imp.e de Filliau.

Bretan sculp.

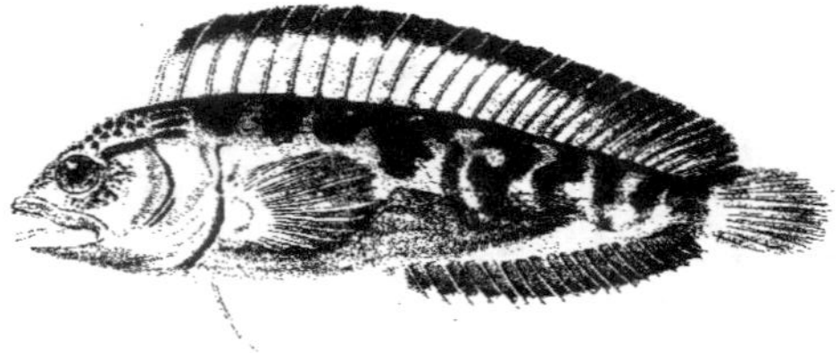

CHASMODE. Bosquien

CHASMODES Boscianus. nob.

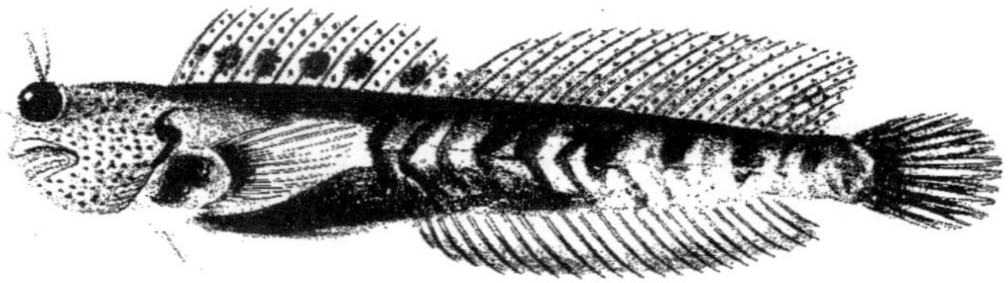

SALARIAS périophthalme

SALARIAS periophthalmus nob.

Dudard del.　　　Imp.r de Folliau.　　　Breton sculp.

SALARIAS à quatre cornes

SALARIAS quadricornis nob.

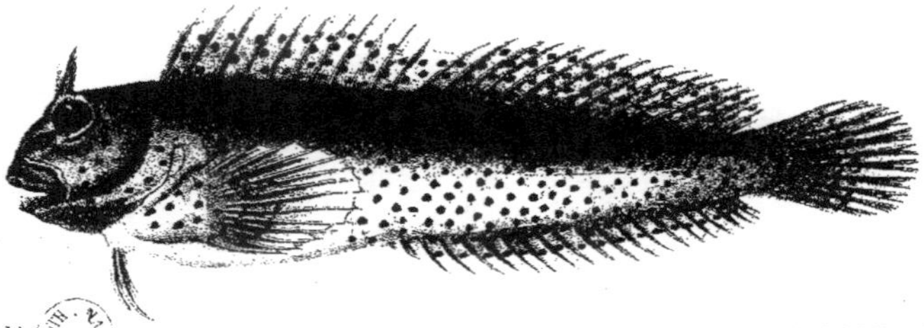

SALARIAS variolé

SALARIAS variolatus nob.

Oudart del.

Breton sculp.

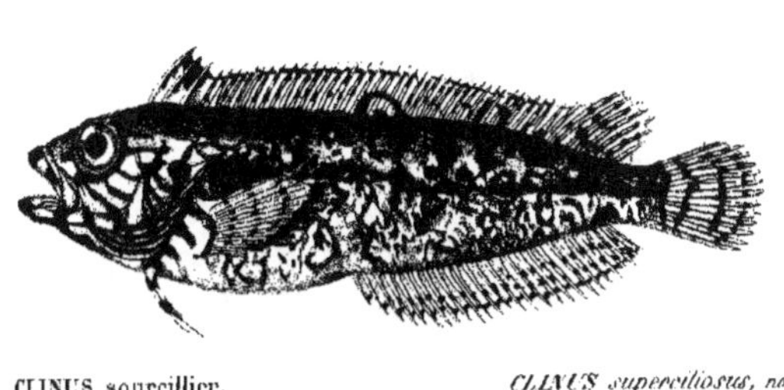

CLINUS sourcillier.   *CLINUS superciliosus, nob.*

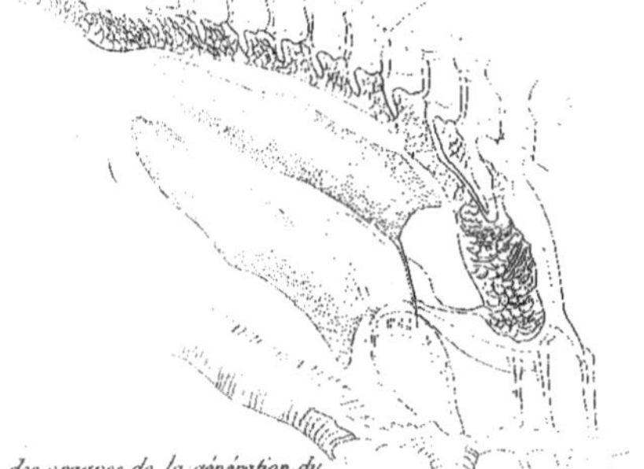

Détails des organes de la génération du
CLINUS sourcillier *mâle*.

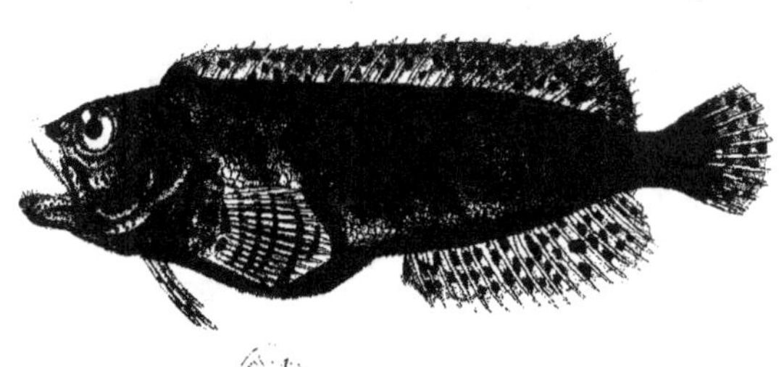

CLINUS variolé.   *CLINUS variolosus nob.*

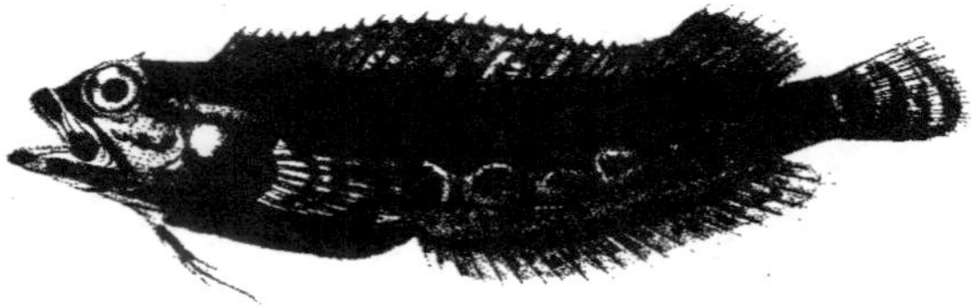

CLINUS élégant.

CLINUS elegans, nob.

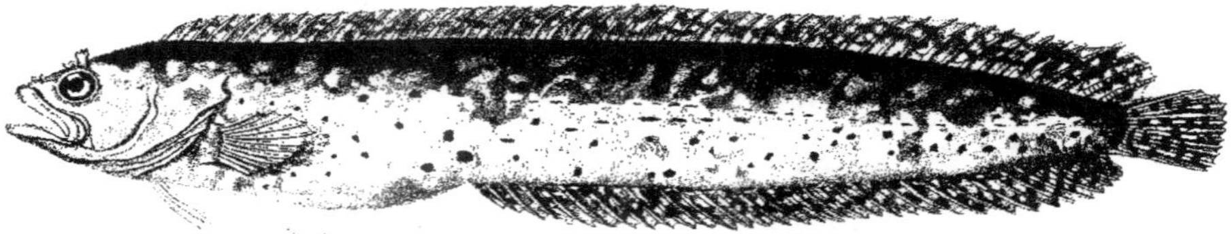

CLINUS anguillaire.

CLINUS anguillaris, nob.

Oudart del.

Impr.e de Langlois.

M.elle Coutelot sculp.

MYXODE ocellé.   MYXODES ocellatus, nob.

P. Oudart del.   Impr.e de Langlois.   Victor sculp.

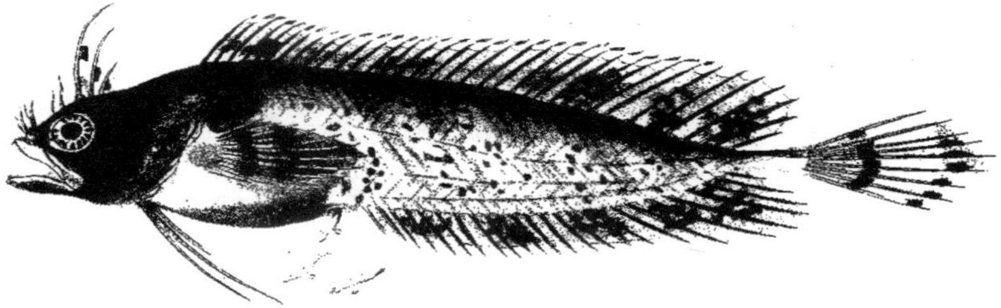

CRISTICEPS austral.
CRISTICEPS australis nob.
Oudart del.
Breton sculp.

CIRRHBARBE du Cap.

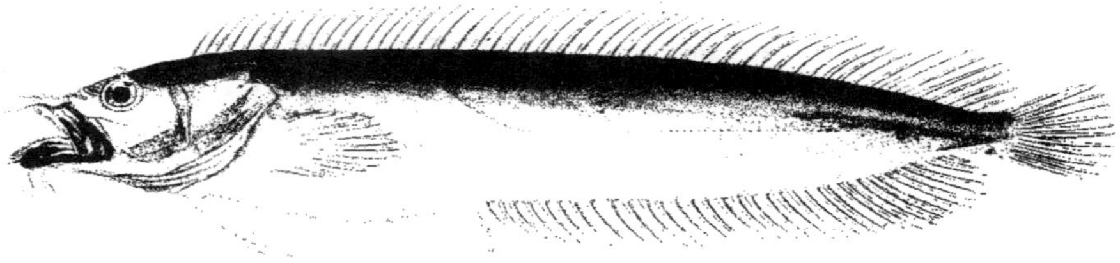

CIRRHIBARBIS *Capensis, nob.*

Oudart del.

Impr.^r de Langlois.

Pierre sculp.

TRIPTÉRYGION à bec.   *TRIPTERYGION nasus, nob.*

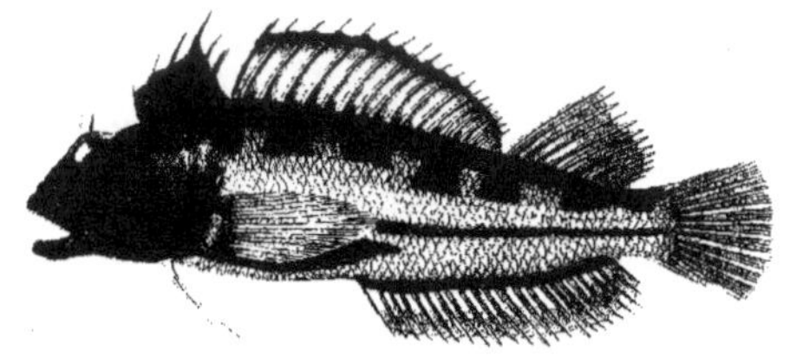

TRIPTÉRYGION nigripenne.   *TRIPTERYGION nigripenne, nob.*

Oudart del.   Impr.^e de Langlois.   Melle Cautelot sculp.

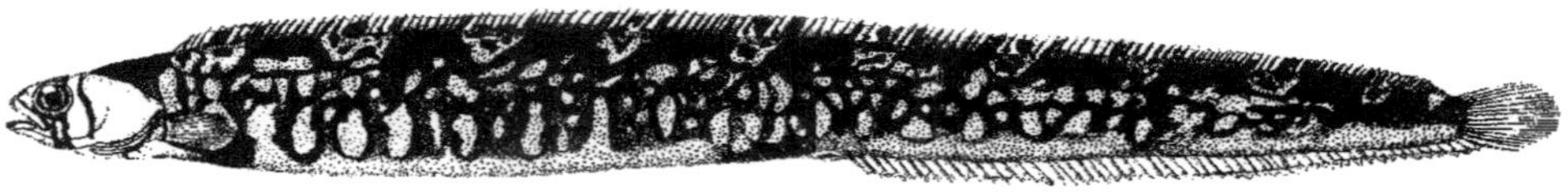

GONELLE du Groenland

GUNELLUS Groenlandicus, Reinh.

Oudart del. *Impr.e de Langlois.* *M.elle Coutelot sculp.*

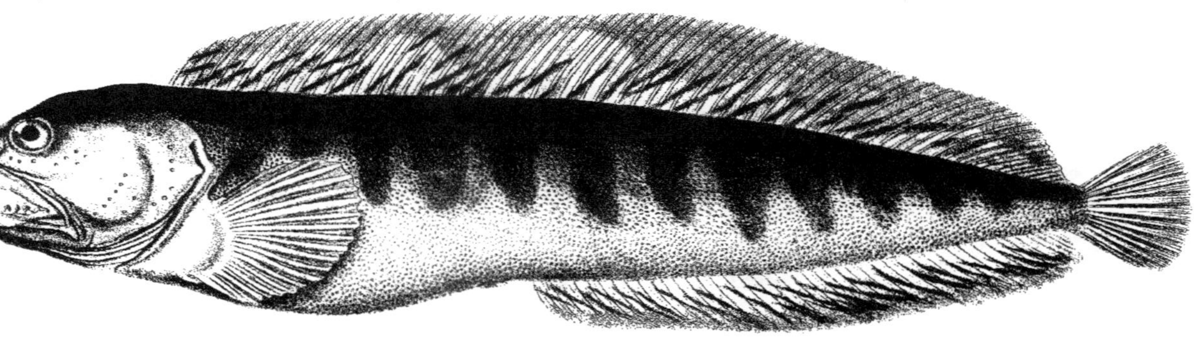

ANARRHIQUE loup.

ANARRHICAS lupus, Lin.

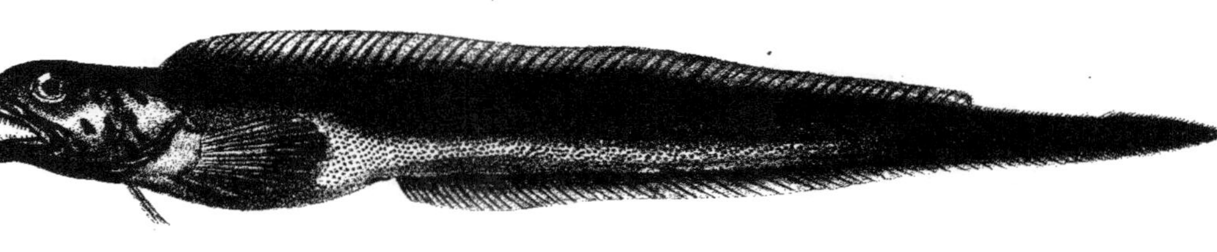

ZOARCÈS à grosses lèvres.

ZOARCES labrosus, nob.

Oudart del.   Pierre sculp.   Impr.° de Langlois   Pierre sculp.

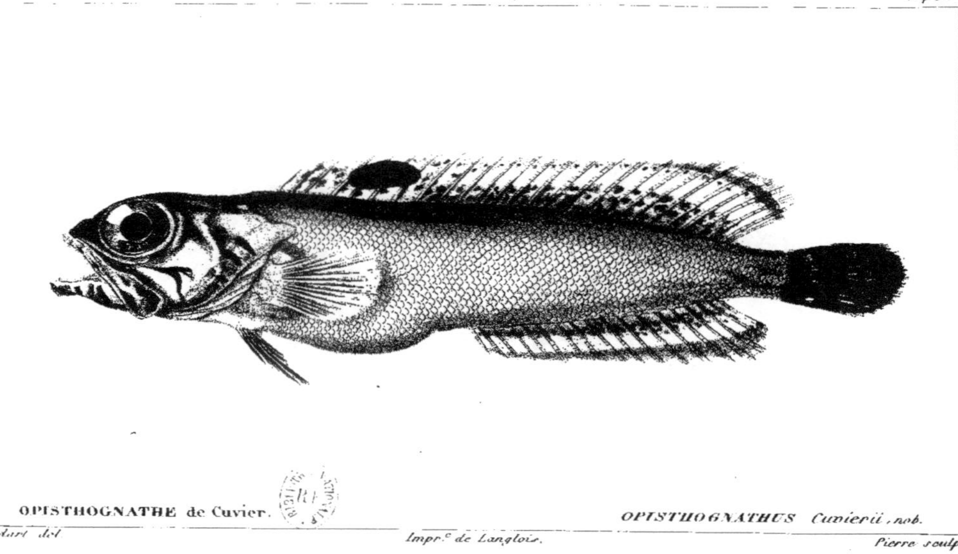

OPISTHOGNATHE de Cuvier. **OPISTHOGNATHUS** *Cuvierii, nob.*

Oudart del. Impr.^e de Langlois. Pierre sculp.

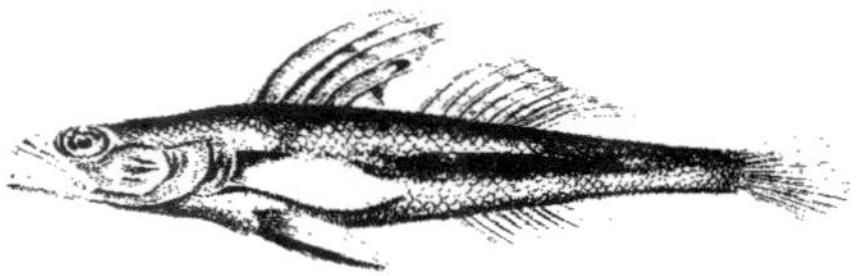

GOBIE Coulon

GOBIUS Colonianus. Risso

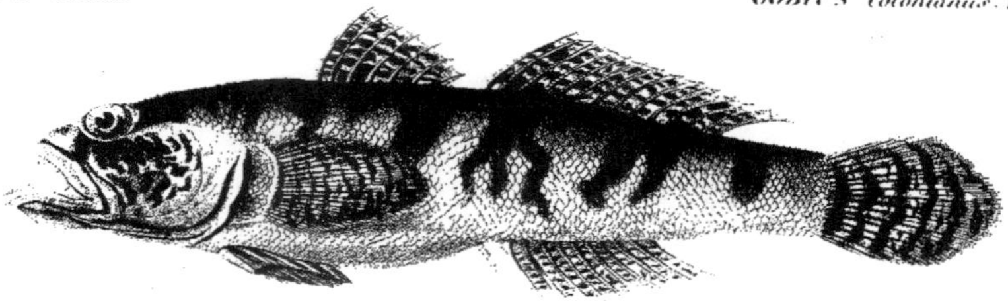

GOBIE bordé

GOBIUS limbatus. nob.

Oudart del.

Impr. de Folliau.

Aug. Dumenil sc.

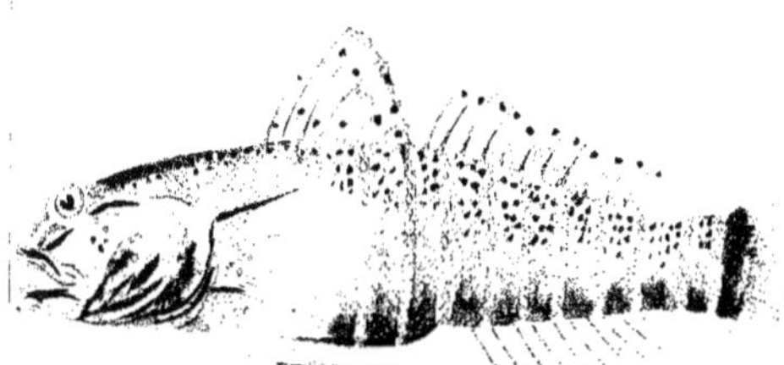

GOBIE à épine cachée. *GOBIUS cryptocentrus nob.*

GOBIE Histrion *GOBIUS Histrio K. v. H.*

Oudart del. Impr. de Follau. Aug. Dumenil sc.

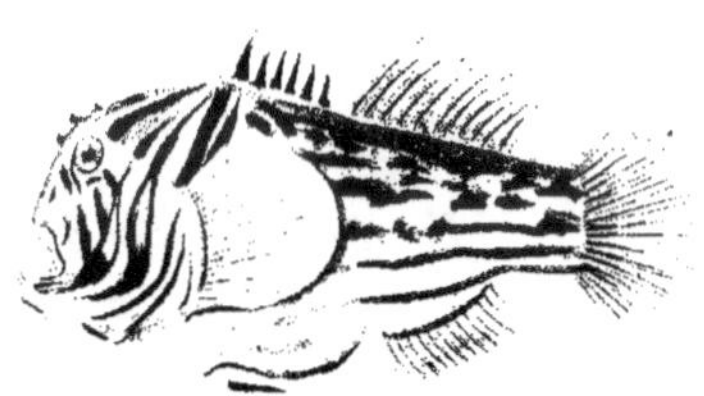

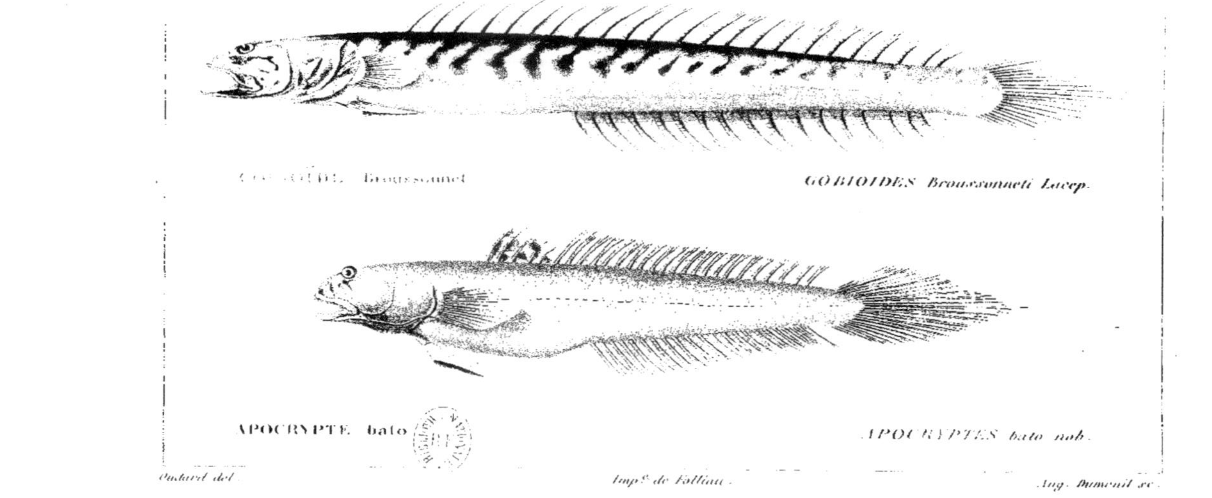

GOBIOÏDE. Broussonnet

GOBIOIDES *Broussonneti* Lacep.

APOCRYPTE. bato

APOCRYPTES *bato* nob.

550-551.
AMBLYOPE Hermannien.
AMBLYOPUS Hermaniannus, nob.
TRYPAUCHÈNE gaine.
TRYPAUCHEN vagina, nob.
Acarie Baron del.
Impr.ie de Langlois.
Melle Coutelot sculp.t

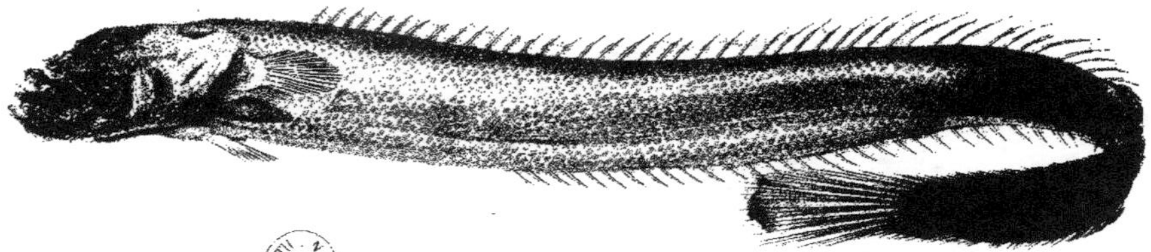

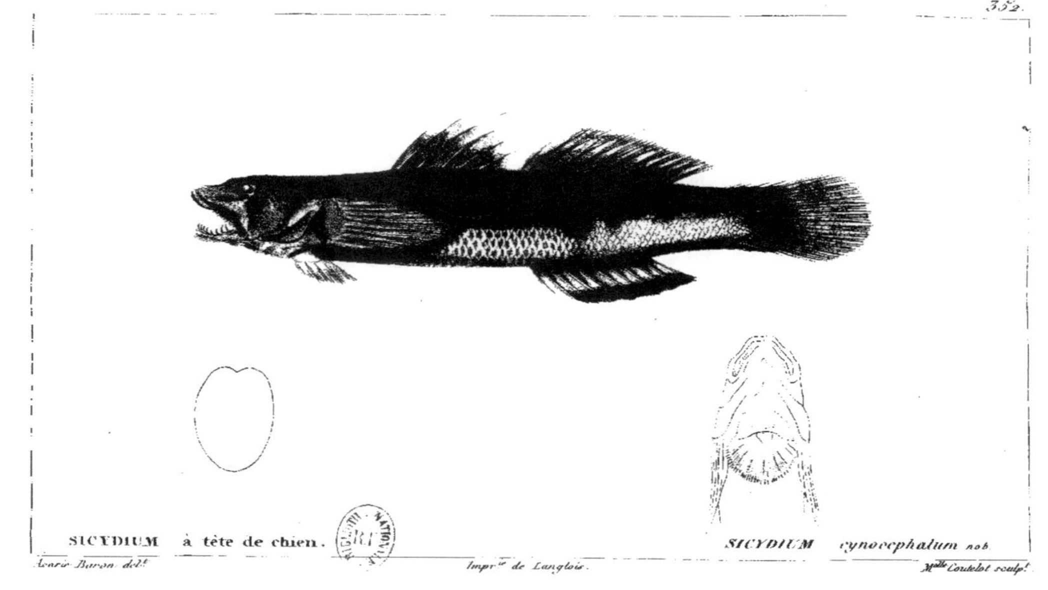

SICYDIUM à tête de chien.

SICYDIUM cynocephalum nob

Acarie Baron del.t

Impr.ie de Langlois.

M.elle Coutelot sculp.t

PÉRIOPHTHALME papillon.

PERIOPHTHALMUS papilio. Bl. Schn.

Marie Baron del.t

Impr.ie de Langlois.

M.elle Coutelot sculp.t

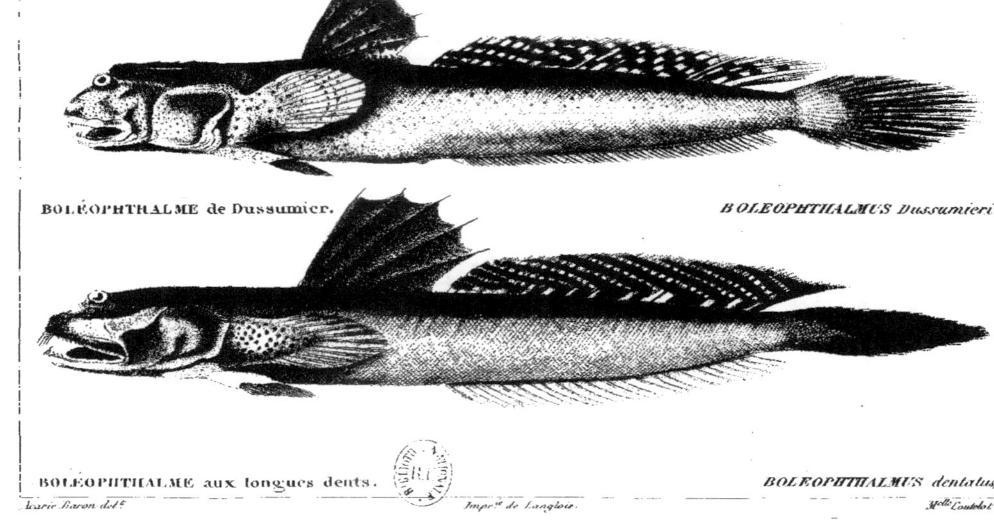

BOLÉOPHTHALME de Dussumier.

BOLEOPHTHALMUS Dussumieri nob.

BOLÉOPHTHALME aux longues dents.

BOLEOPHTHALMUS dentatus nob.

Acarie Baron del.t   Imp.n de Langlois.   M.elle Coutelot sculp.t

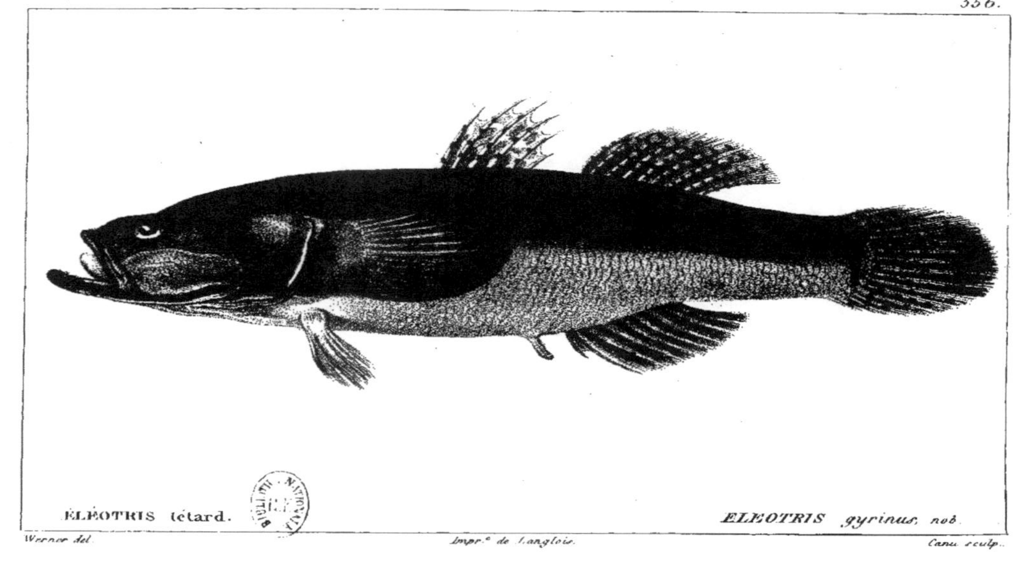

ÉLÉOTRIS tétard.
ELEOTRIS gyrinus, nob.
Werner del.
Impr.e de Langlois.
Canu sculp.

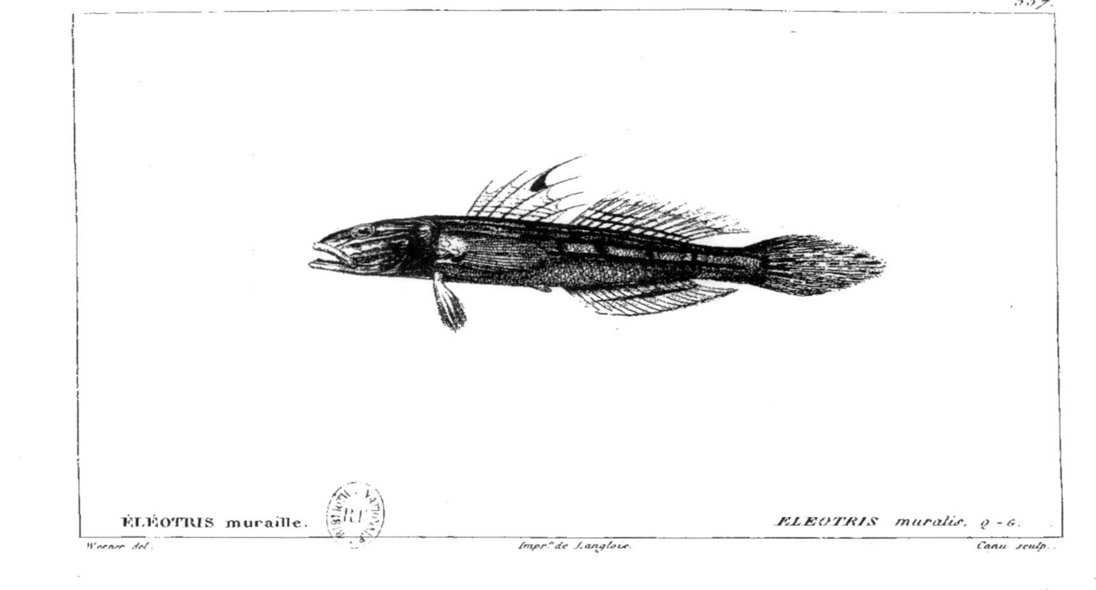

ÉLÉOTRIS muraille.

ÉLÉOTRIS muralis. ♀ - ♂.

Werner del.

Impr.ᵉ de Langlois.

Canu sculp.

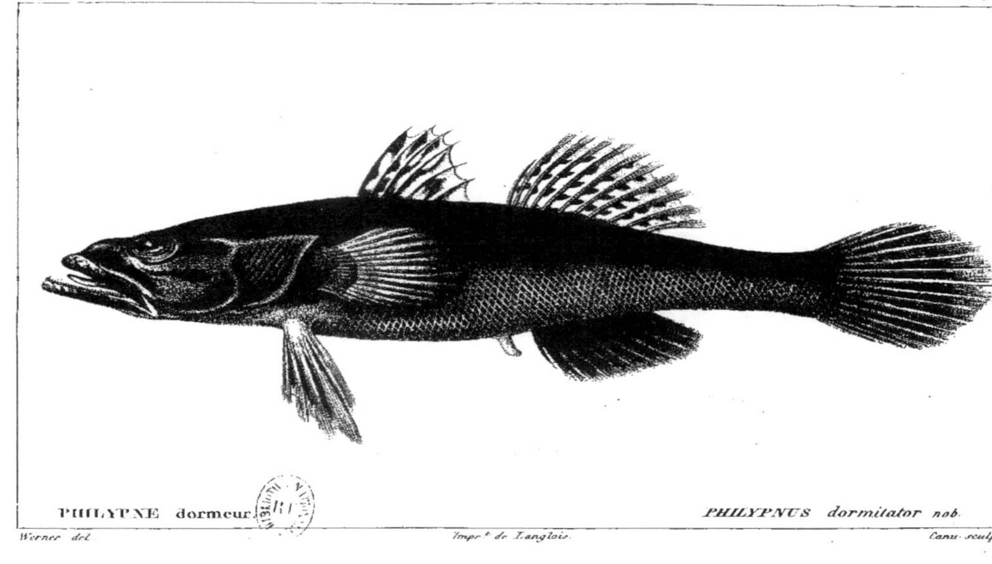

PHILYPNE dormeur.   PHILYPNUS dormitator nob.

Werner del.   Impr.t de Langlois.   Canu sculp.

359

CALLIONYME à filaments.

CALLIONYMUS filamentosus, nob.

Werner del.

Impr.ᵉ de Langlois.

Canu sculp.

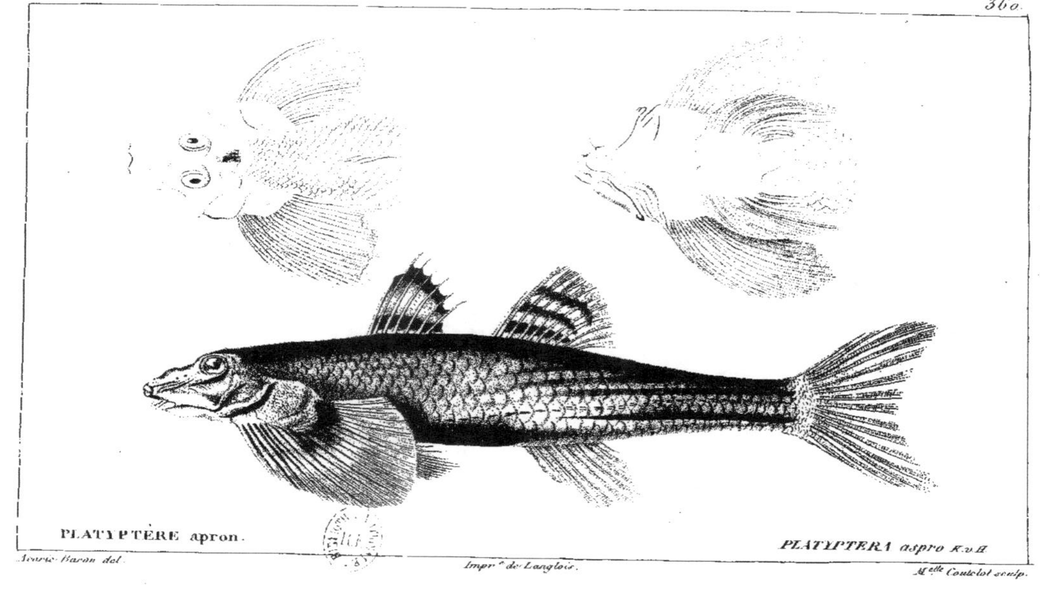

PLATYPTÈRE apron.
PLATYPTERA aspro K. v. H.
Aovrie Baron del.
Impr.ᵉ de Langlois.
M.ᵉˡˡᵉ Coutelot sculp.

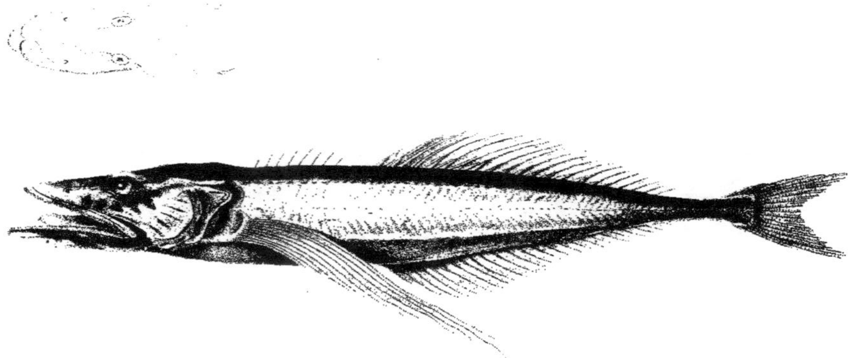

COMÉPHORE du Baikal.

COMEPHORUS Baikalensis, Lacép.

Marie Baron del.

Impr.º de Langlois.

M.elle Coutelot sculp.

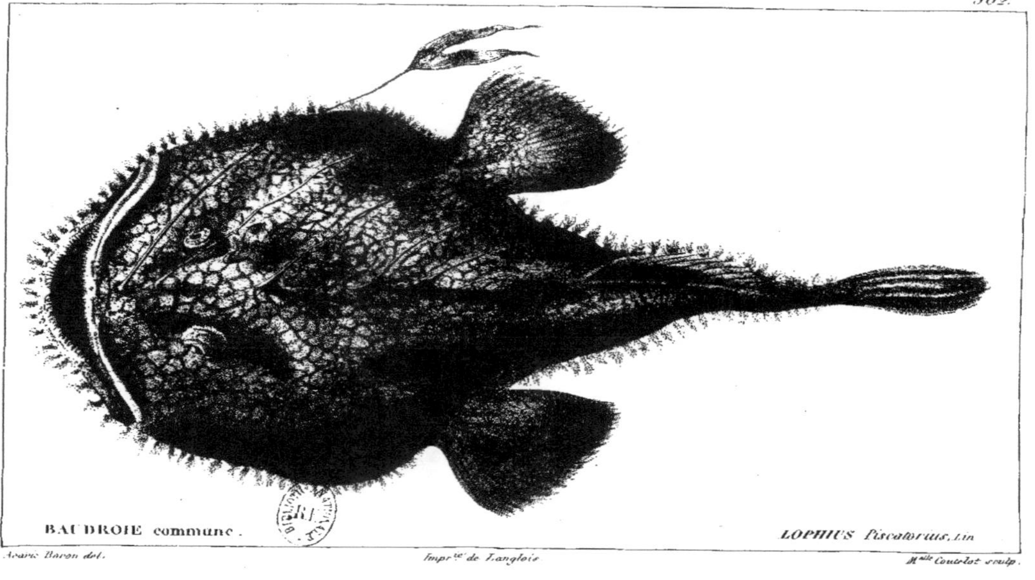

362.
BAUDROIE commune.
LOPHIUS Piscatorius, Lin.
Avans Baron del.
Imprte de Langlois
Melle Coutelot sculp.

CHIRONECTE panthère.   *CHIRONECTES pardalis, nob.*

CHIRONECTE peint.   *CHIRONECTES pictus, nob.*

Acarie Baron del.   Impr.^e de Langlois.   Mlle Coutelet sculp.

LA MALTHÉE Longirostre

MALTHÆA Longirostris nob.

Laurie Baron del.

Imp.ᵉ de Folliau

Aug. Dumenil sc.

365.

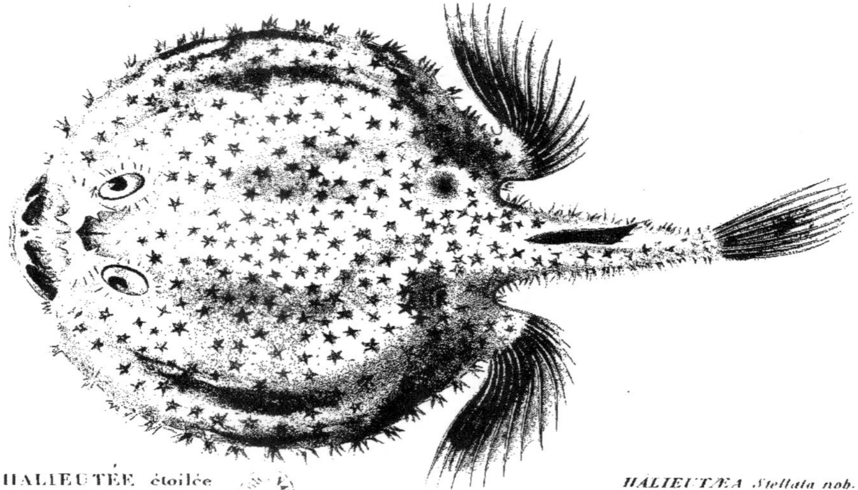

366.
L'HALIEUTÉE étoilée
HALIEUTÆA Stellata nob.
Marie Baron del.
Imp.ᵉ de Voltiau
Aug. Duménil sc.

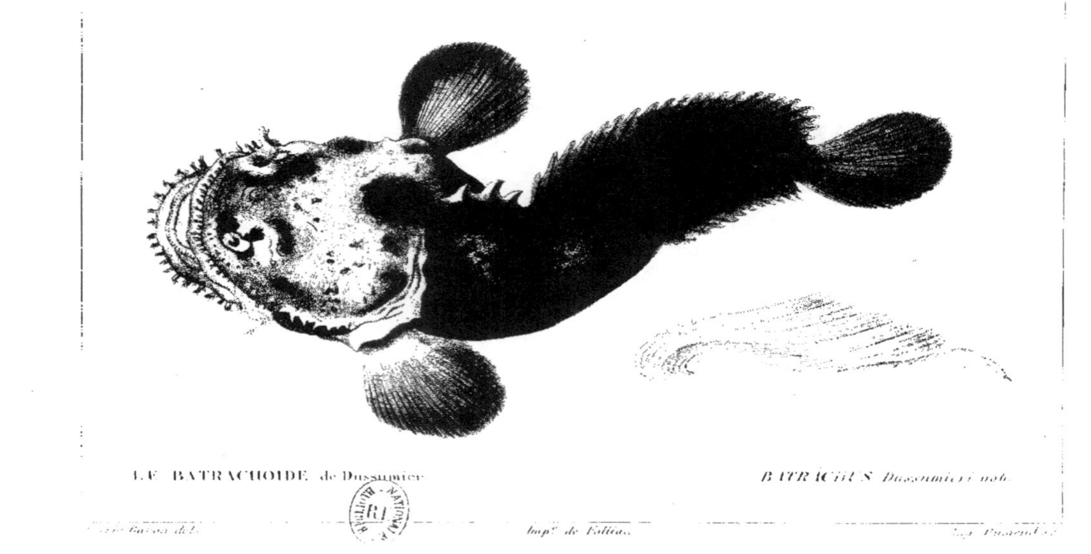

Garça del.

Imp. de Follieu.

Vauraut sc.

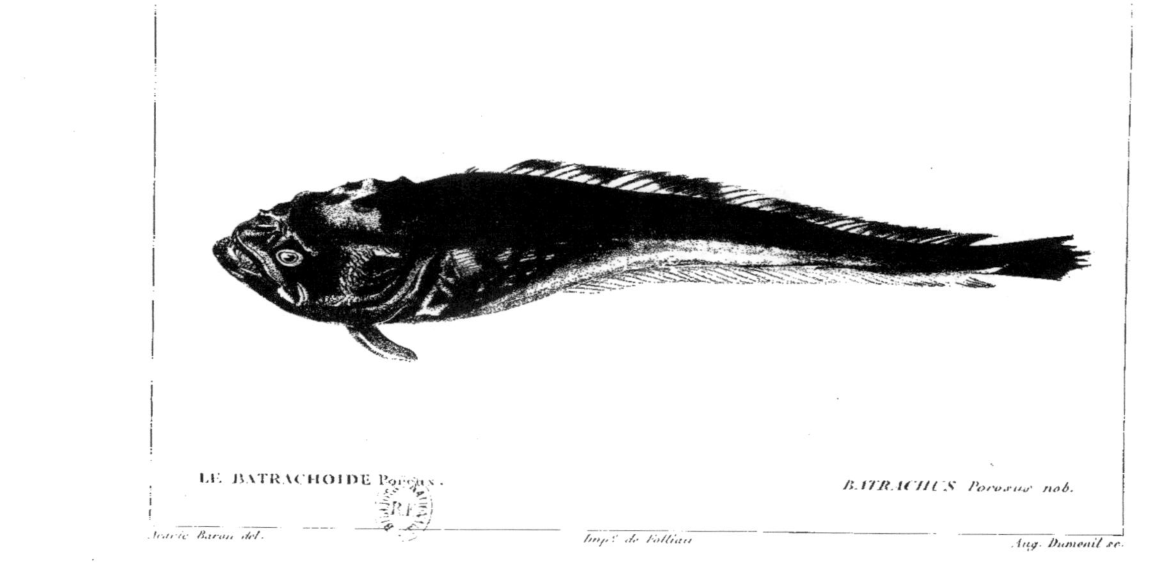

LE BATRACHOÏDE Porcin.

BATRACHUS Porosus nob.

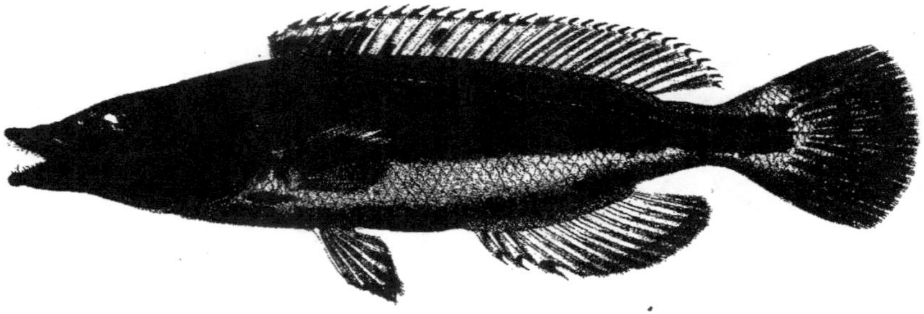

LABRE varié.

LABRUS mixtus, Artedi.

P. Oudart del.

Imp.rie de Langlois

M.elle Coutelet sculp.

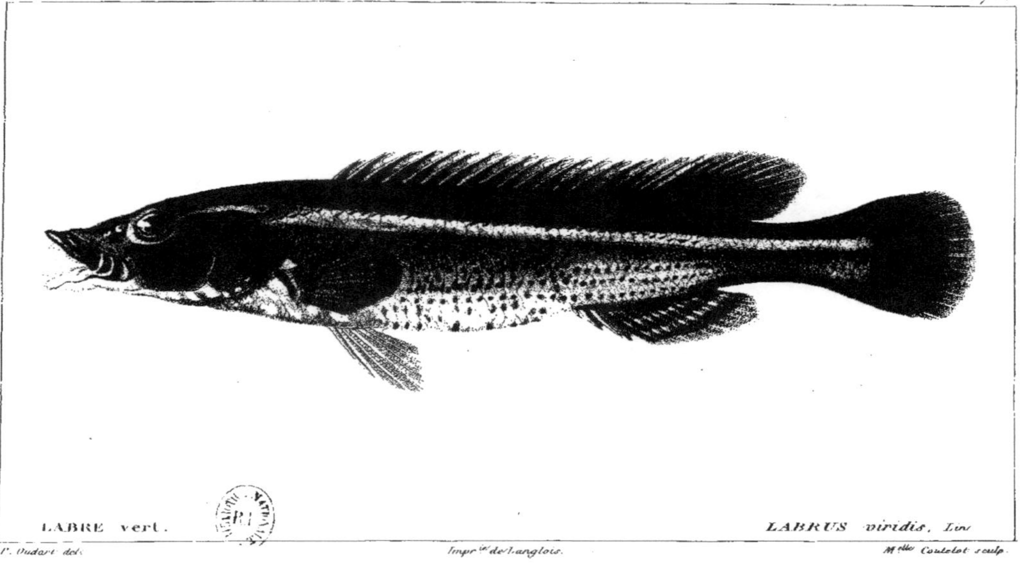
LABRE vert.
LABRUS viridis, Lin.
P. Oudart del.
Impr.ie de Langlois.
M.elle Coutelet sculp.

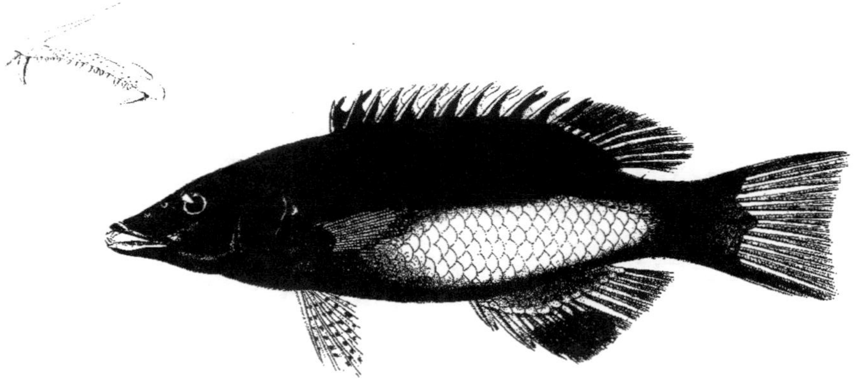

COSSYPHE axillaire.   COSSYPHUS axillaris, nob.

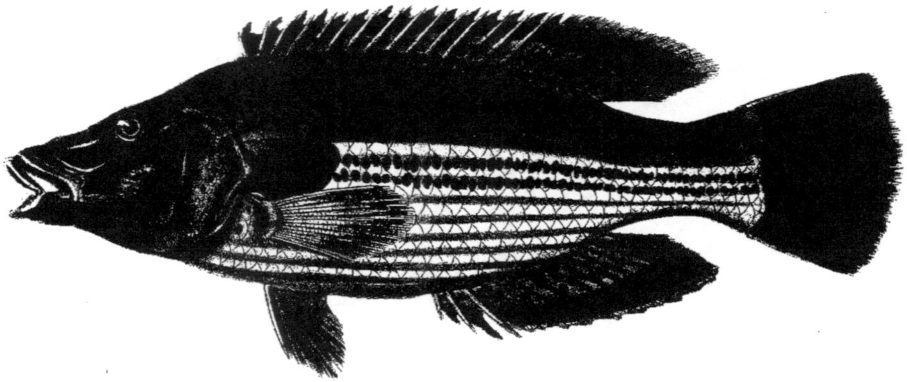

CRÉNILABRE paon.

CRENILABRUS Pavo, nob.

P. Oudart del.

Impr.ᵉ de Langlois.

Davesne sculp.ᵗ

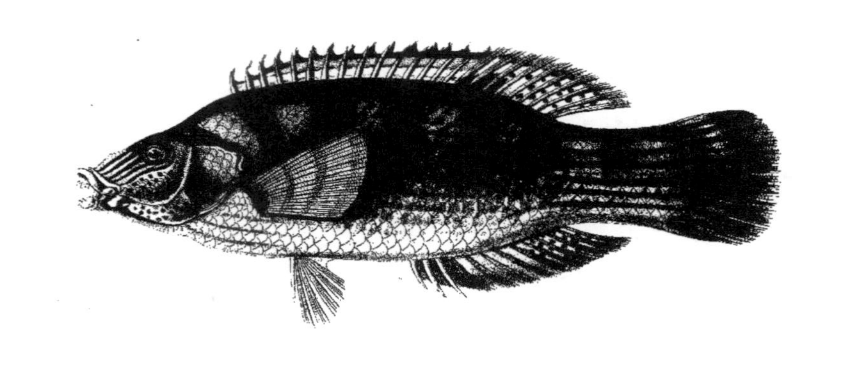

CRÉNILABRE de Baillon

CRENILABRUS Bailloni, nob.

Acario-Baron del.   Impr.ie de Langlois.   Davesne sculp.t

CTÉNOLABRE iris.

CTENOLABRUS iris.

P. Oudart del.

Imp.ᵉ de Langlois.

Davesne sculp.ᵗ

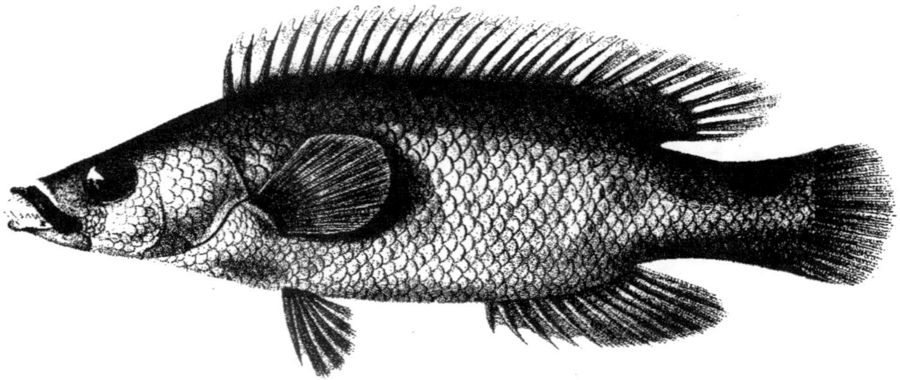

375.

ACANTHOLABRE Palloni.

ACANTHOLABRUS Palloni, nob.

Acarie Baron del.

Impr.ᵗᵉ de Langlois

M.ᵉˡˡᵉ Coutelot sculp.

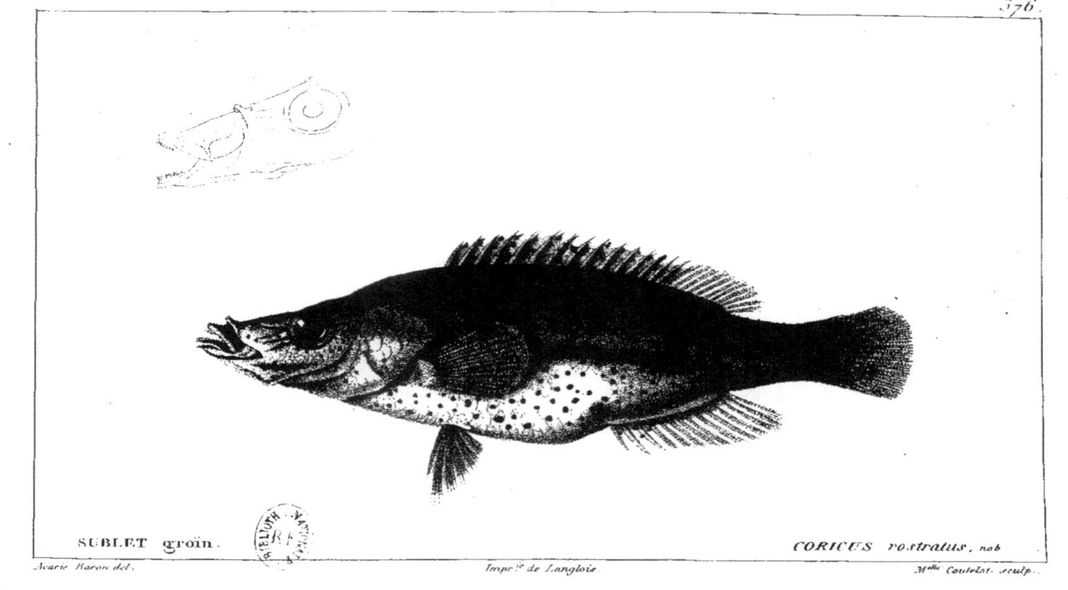

SUBLET groïn.

CORICUS rostratus, nob.

Acarie Baron del.

Impr.ie de Langlois.

M.elle Coutelat. sculp.

CLEPTIQUE créole.   CLEPTICUS genizarra, Cuv. Val.

Werner pinxt.   Impr.te de Langlois.   Teillard sculp.

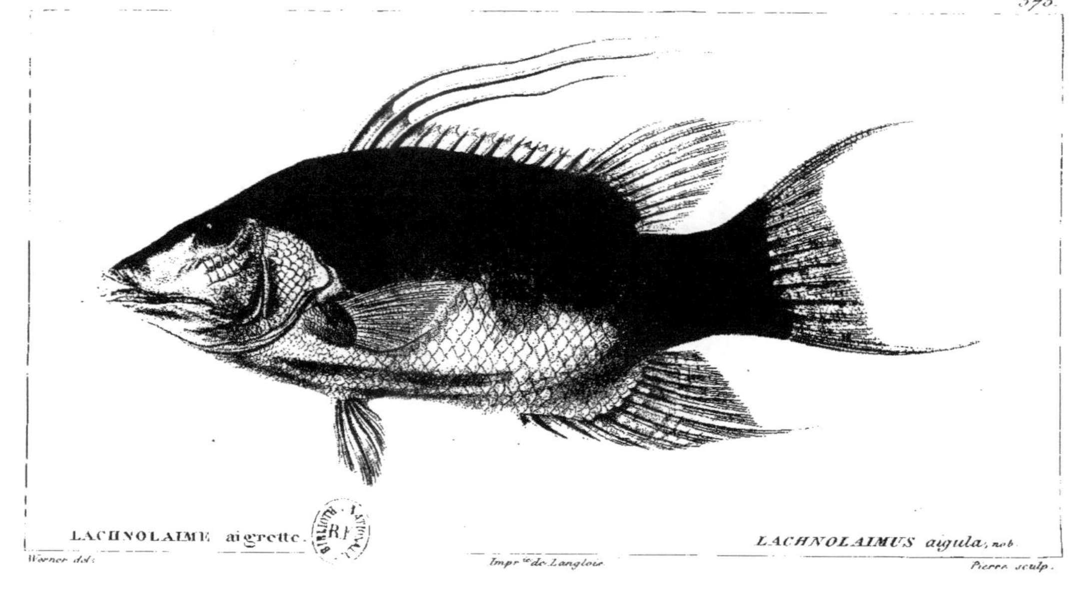

LACHNOLAIME aigrette.   LACHNOLAIMUS aigula, nob.

Werner del.   Impr.ᵉ de Langlois.   Pierre sculp.

TAUTOGUE à bandes.　　　　TAUTOGA fasciata, nob.

P. Oudart del.　　　Impr.ie de Langlois　　　A. Dumenil sculp.

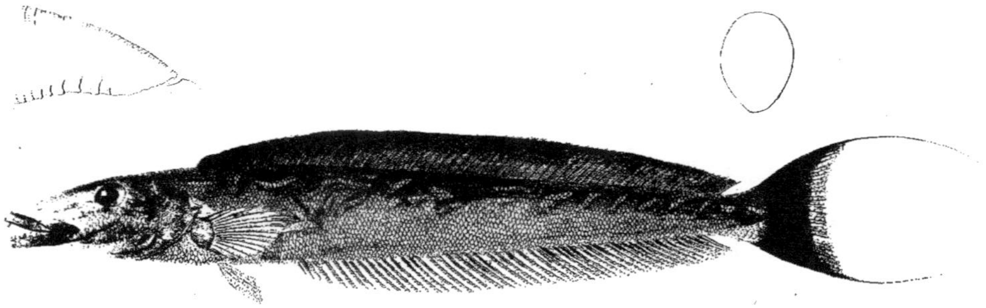

MALACANTHE de Plumier. *MALACANTHUS Plumieri*, nob.

Werner del. Impr.ie de Langlois. Pierre sculp.

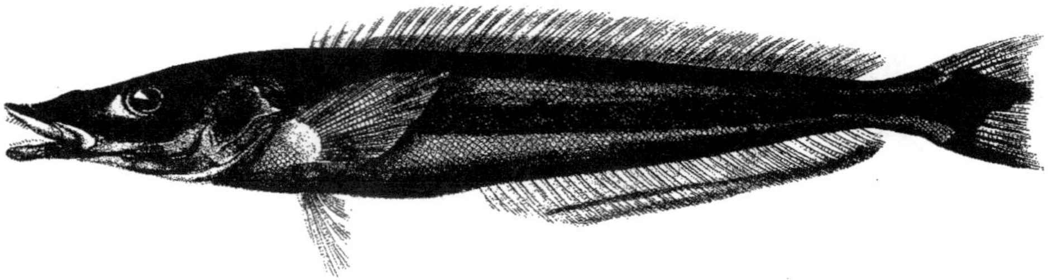

MALACANTHE large raie. MALACANTHUS læniatus, nob.

Acarie Baron del. Impr.ᵉ de Langlois. A. Dumenil sculp.

381.

382.

CHÉILION vert et bleu.

CHEILIO cyanochloris, nob.

Acarie Baron: del

Impr.^{ie} de Langlois

A. Duménil sculp

MALAPTÈRE reticulé.

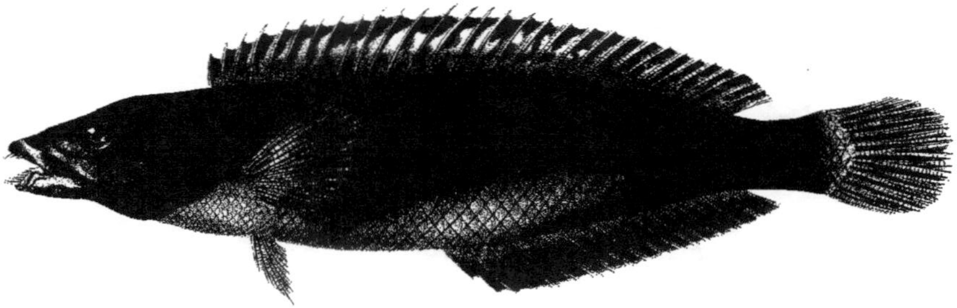

MALAPTERUS reticulatus, nob.

Imp.ⁱᵉ de Langlois.

A. Dumenil sculp.

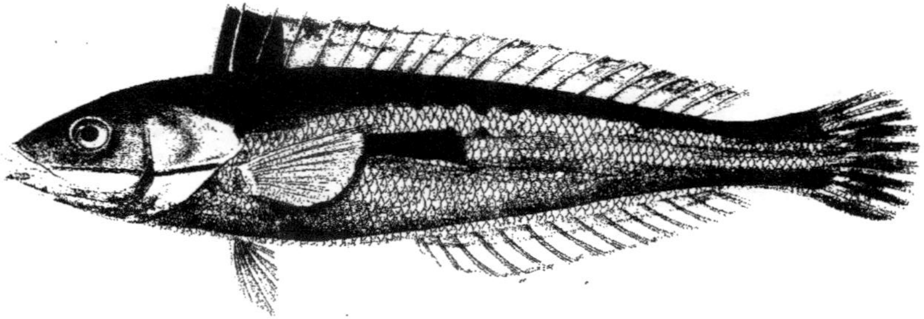

GIRELLE commune.

JULIS vulgaris, nob.

Werner del.

Imp.ᵉ de Langlois.

Pierre sculp.ᵗ

384.

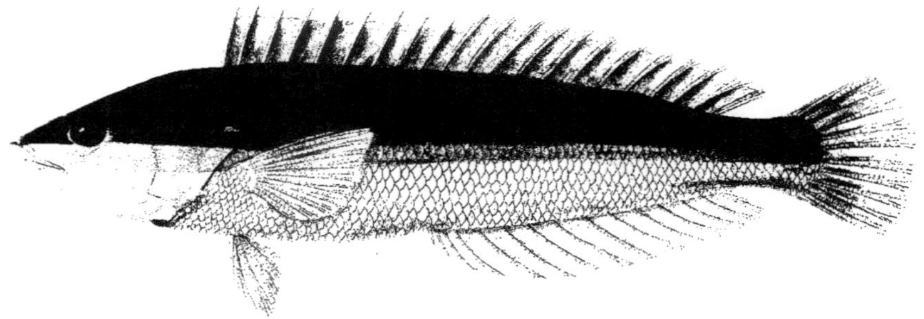

GIRELLE Giofredi.

JULIS *Giofredi*. Risso

Werner del.

Impr.^e de Langlois

Pierre sculp.

GIRELLE paon.

JULIS pavo. Cuv. Val.

Bessa pinx.   Impr.^{ie} de Langlois.   Teillard sculp.

387.
GIRELLE de Dussumier.
JULIS Dussumieri, Cuv. Val.
Oudart pinx.ᵗ
Imp.ⁱᵉ de Langlois.
Teillard sculp.

GIRELLE annelée.

JULIS annulatus, Cuv. Val.

389.

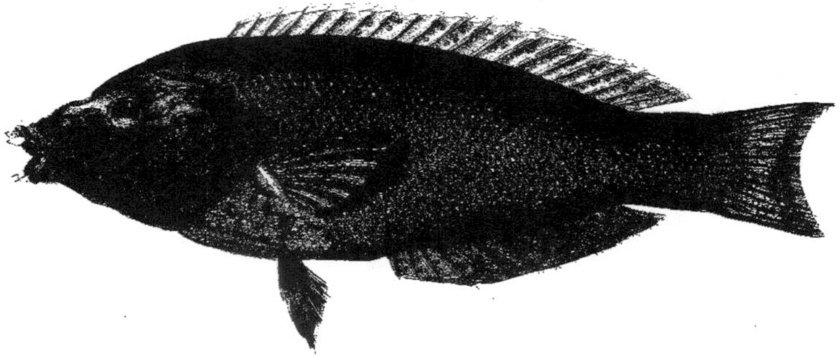

ANAMPSÈS géographique. ANAMPSES geographicus, nob.

Bessa pinx.t Impr.ie de Langlois Pardinel sculp.t

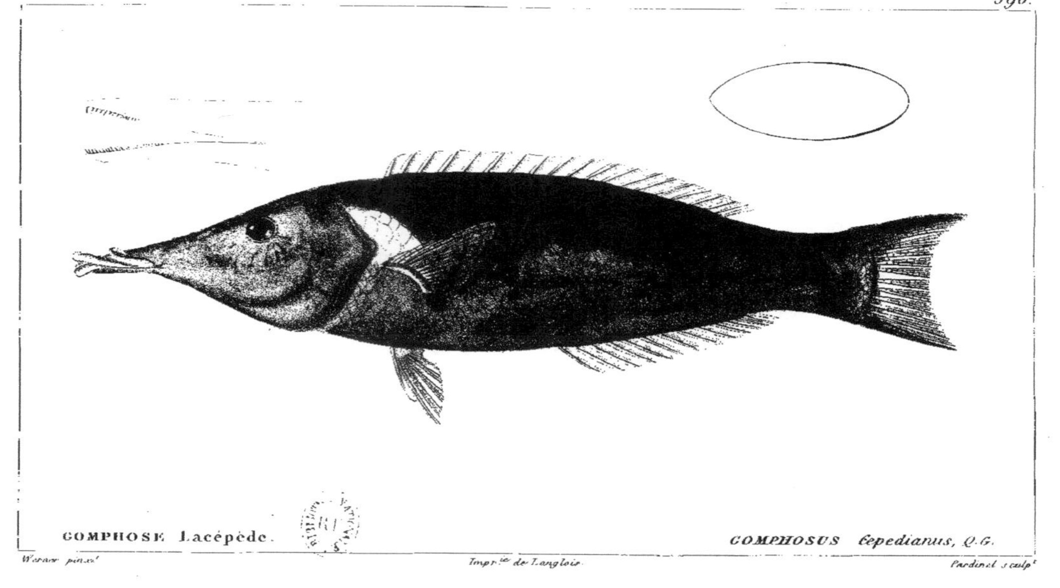

COMPHOSE. Lacépède.
COMPHOSUS Cepedianus, Q.G.
Werner pinx.
Impr.ie de Langlois.
Pardinel sculp.

391.

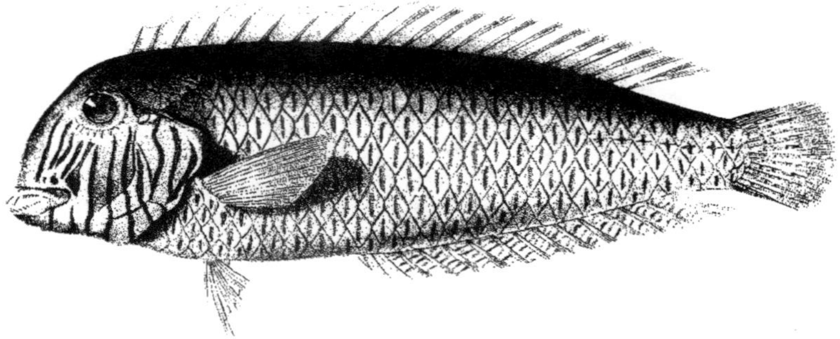

RASON ordinaire. *XYRICHTHYS cultratus*, nob.

Acarie-Baron pinx^t Impr^ie de Langlois. Fardinel sculp^t

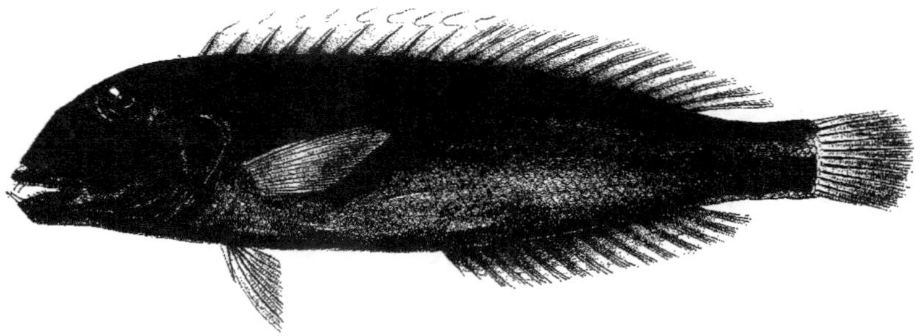

RASON à collier.   XYRICHTHYS torquatus, nob.

Acarie-Baron pinx.ᵗ   Impr.ⁱᵉ de Langlois.   Pardinel sculp.ᵗ

Marie Baron pinx.t   Impr.te de Langlois   Pierre sculp.t

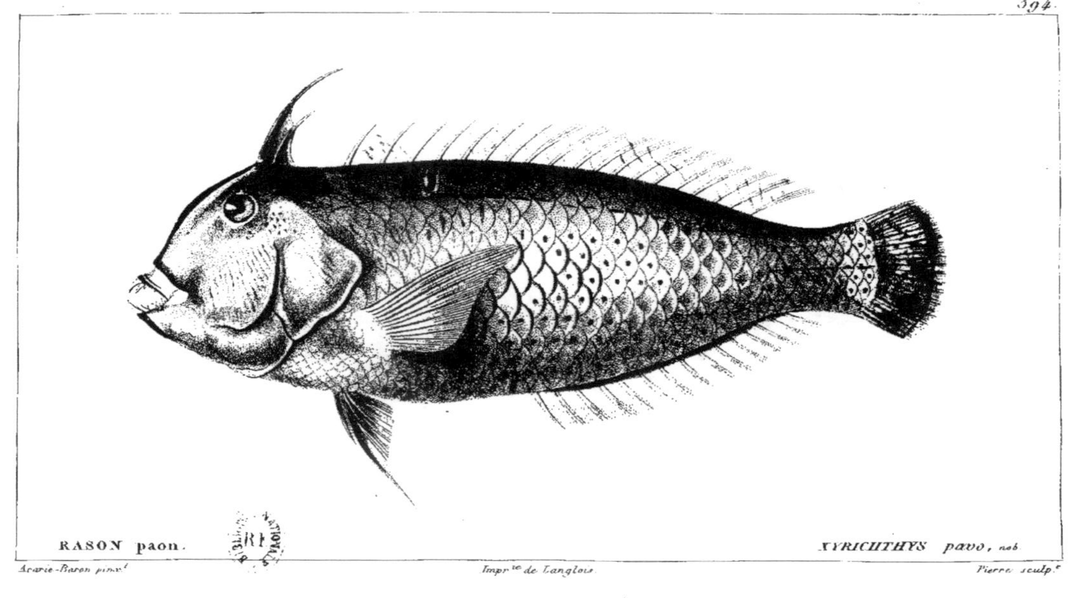

394.

RASON paon.   XYRICHTHYS pavo, nob.

Acarie-Baron pinx.t   Imp.rie de Langlois.   Pierre sculp.t

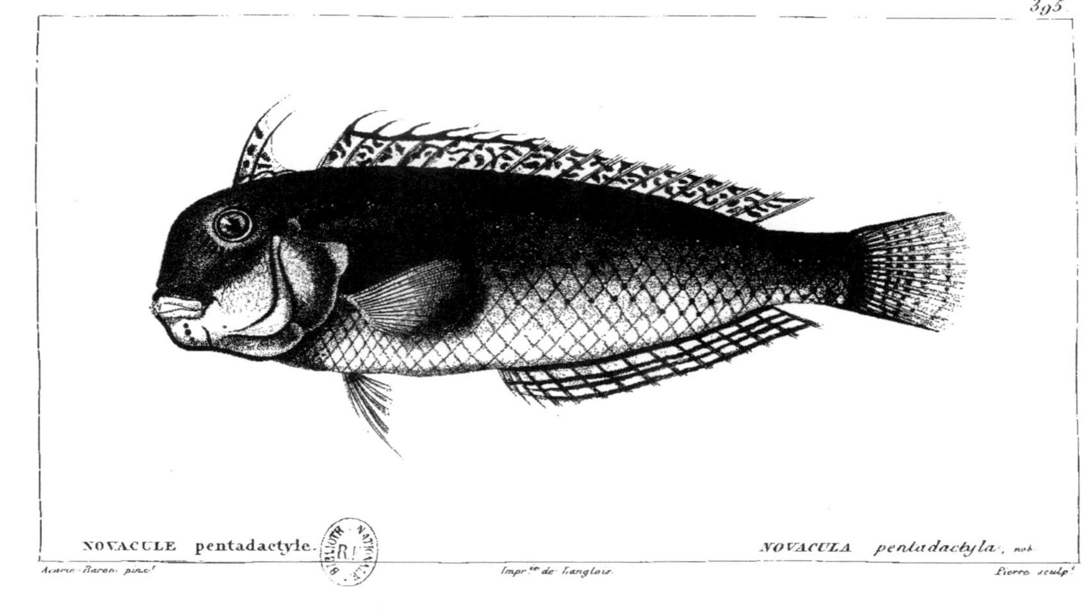

NOVACULE pentadactyle.
NOVACULA pentadactyla, nob.
Acarie-Baron pinx.t
Impr.te de Langlois.
Pierre sculp.t

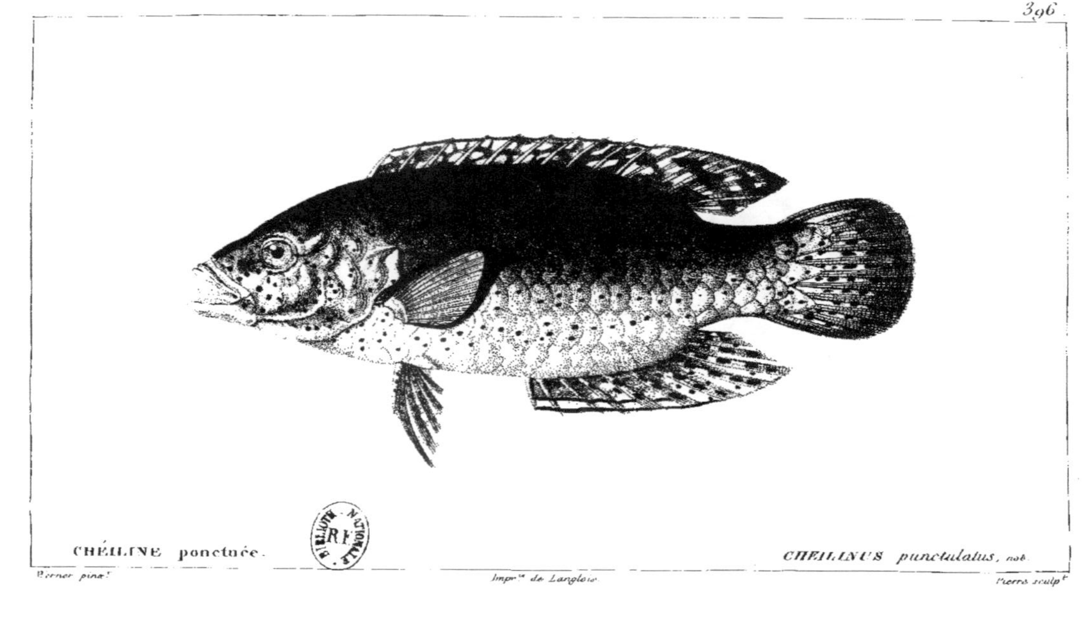

CHÉLINE ponctuée.　　　　　CHEILINUS punctulatus, nob.

Werner pinx.￼　　　Impr.ie de Langlois.　　　Pierre sculp.t

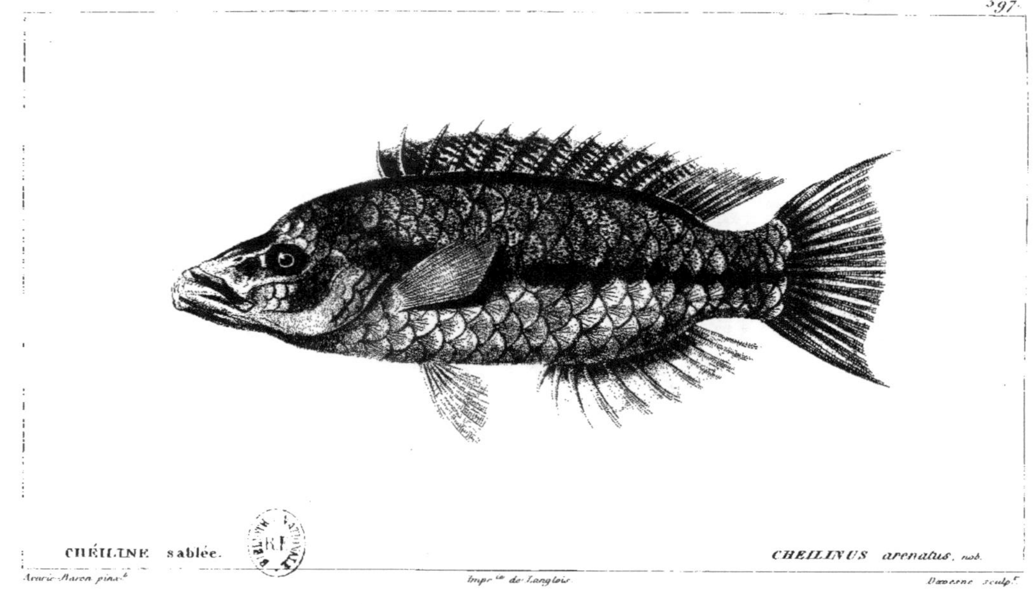

CHÉILINE sablée.   CHEILINUS arenatus. nob.

Acarie-Baron pinx.^t   Impr.^ie de Langlois   Davesne sculp.^t

398.
ÉPIBULE trompeur.
EPIBULUS insidiator, nob.
Scarie-Baron pinx.
Impr.te de Langlois.
Daveane sculp.

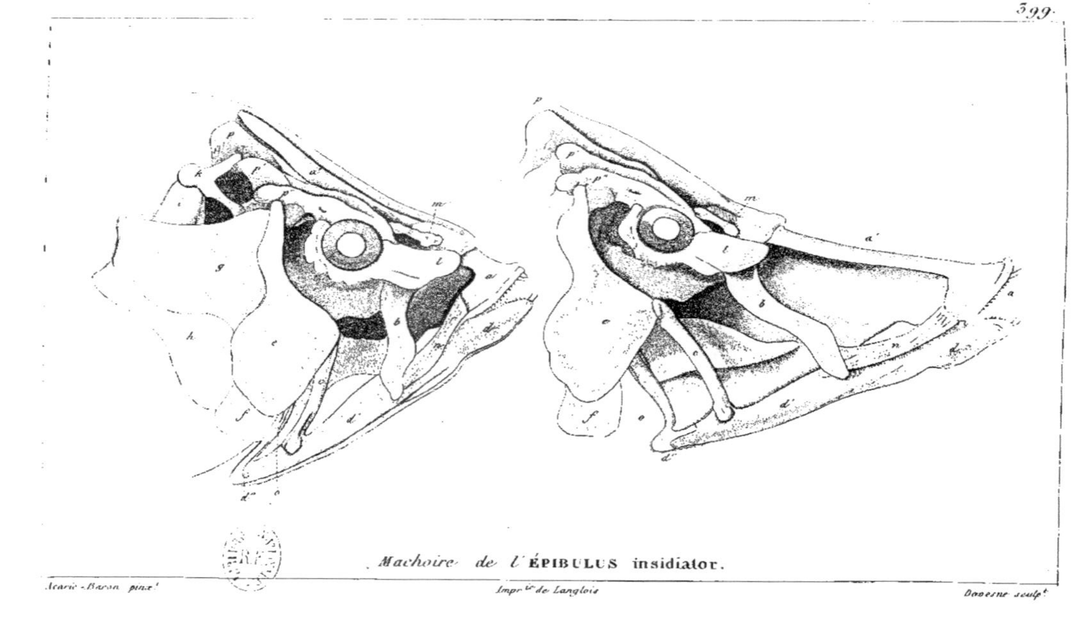

Machoire de l'ÉPIBULUS insidiator.

400.

SCARE des anciens.   SCARUS cretensis, nob.

Werner pinx.̱   Imp.rie de Langlois.   Dawcans sculp.̱

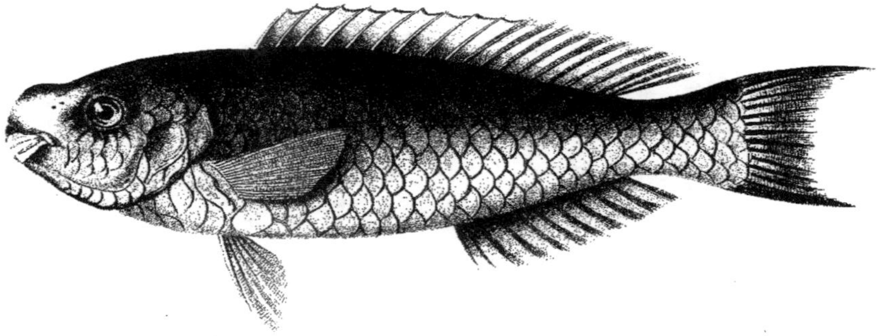

SCARE bleu.

SCARUS cœruleus, nob.

Barton pinx.t

Imp.te de Langlois.

Coupée sculp.

SCARE à machoires hérissées.

SCARUS muricatus. nob.

Acarie-Baron pinx.t   Impr.ie de Langlois.   Coupée sculp.t

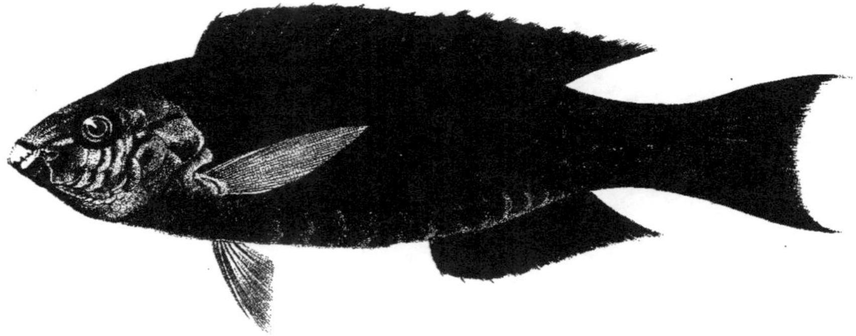

SCARE catau-bleu. SCARUS capitaneus *nob.*

Scarie Baron *pinx.*   Impr.ᵉ de Langlois   Coupié *sculp.*

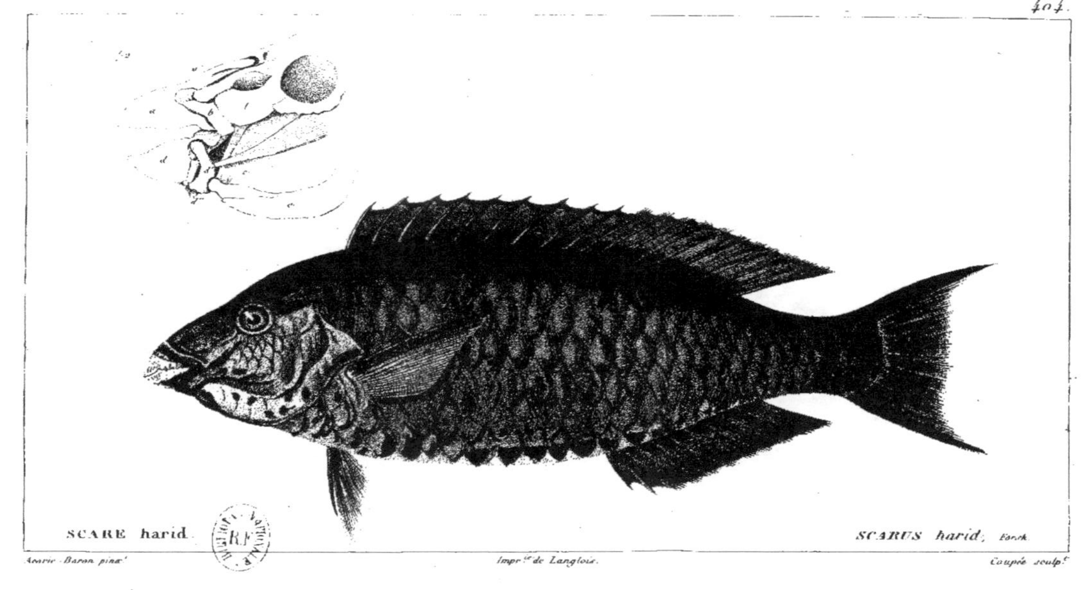
SCARE harid.
SCARUS harid; Forsk.
Acarie Baron pinx.
Impr.ie de Langlois.
Coupée sculp.t

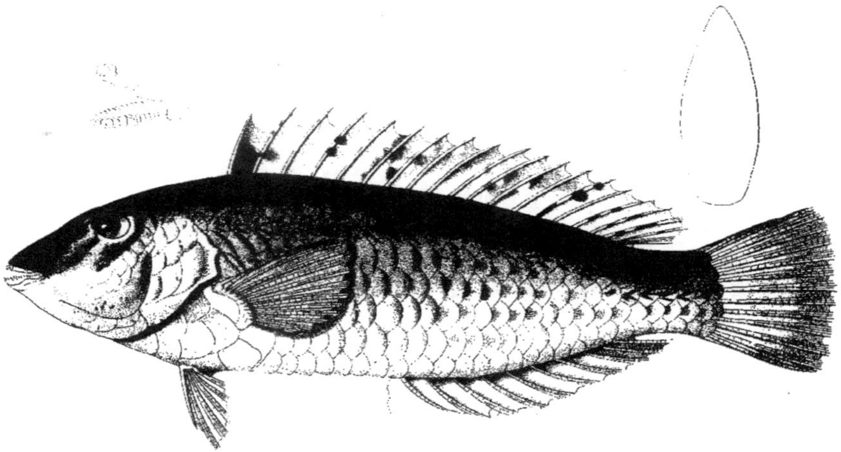

CALLYODON brulé.

CALLYODON ustus, nob.

Werner pinx.t

Impr.ie de Langlois.

M.elle Coutelot sculp.t

CALLYODON japonais.

CALLYODON japonicus, nob.

Werner pinx.t

Impr.te de Langlois.

M.elle Coutelot sculp.t

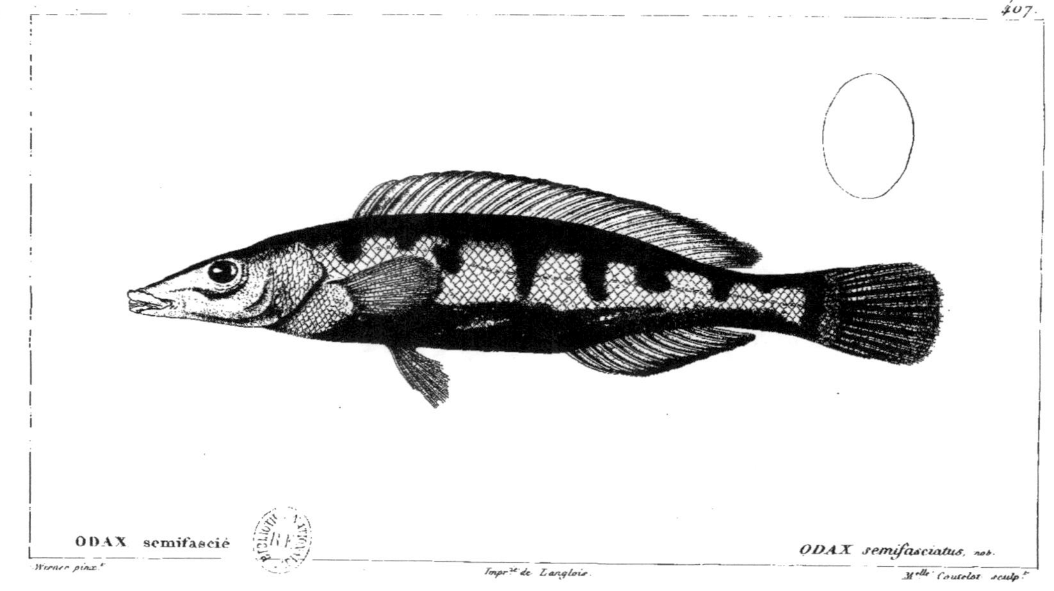

ODAX semifascié

ODAX semifasciatus, nob.

1.ODAX poussin. *ODAX pullus*, Forst.   2.ODAX des moluques. *ODAX moluccanus*, nob.

Acarie-Baron pinx.t   Impr.te de Langlois   Melle Coutelot sculp.t

SILURE d'Europe.

SILURUS glanis, Linn.

Scarie-Baron pinx.t

Impr.ie de Langlois.

Mme Doulat sculp.t

409.

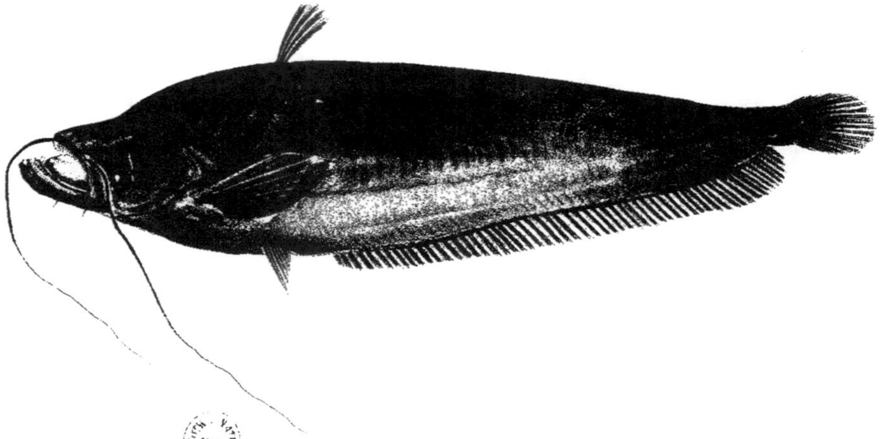

SILURE anostome.   SILURUS anostomus, nob.

Icart-Baron pinx.t   Impr.ie de Langlois   Mme Doulat sculp.t

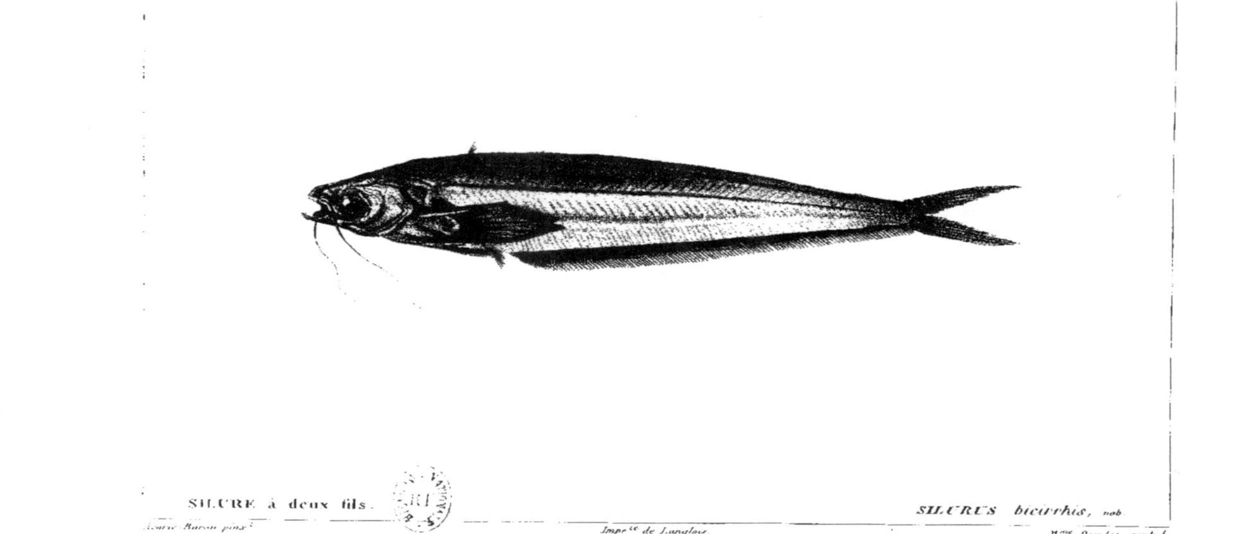

411.

SILURE à deux fils.

SILURUS bicirrhis, nob.

Mauzaisse Maron pinx.t — Impr.ie de Langlois — M.me Doulot sculp.t

SCHILBÉ d'Isidore.

SCHILBE Isidori, Val.

Acarie-Baron pinx.t

Imp.rie de Langlois.

M.me Houlot sculp.t

SCHILBÉ garua.

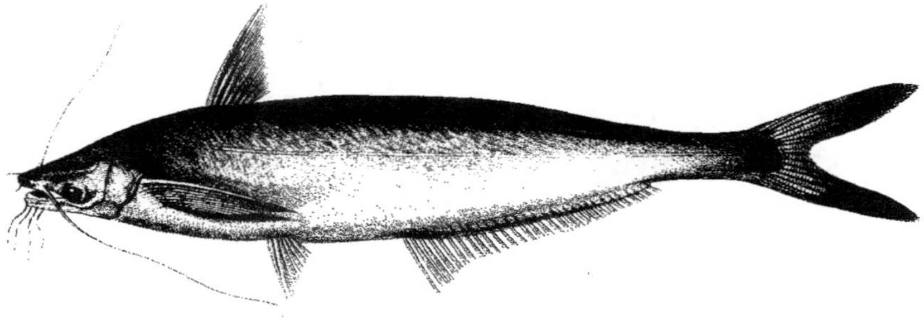

Acures-Baron pinx.t   Impr.e de Langlois   Pierre sculp.t

SCHILBE garua, nob.

BAGRE d'Adanson.

BAGRUS Adansonii. nob.

Acarie-Baron pinx.t

Impr.ie de Langlois.

Pierre sculp.t

BAGRE de Lamarre. BAGRUS Lamarii, nob.

Acarie Baron pinx.ᵗ Impr.ᵉ de Langlois. Pierre sculp.ᵗ

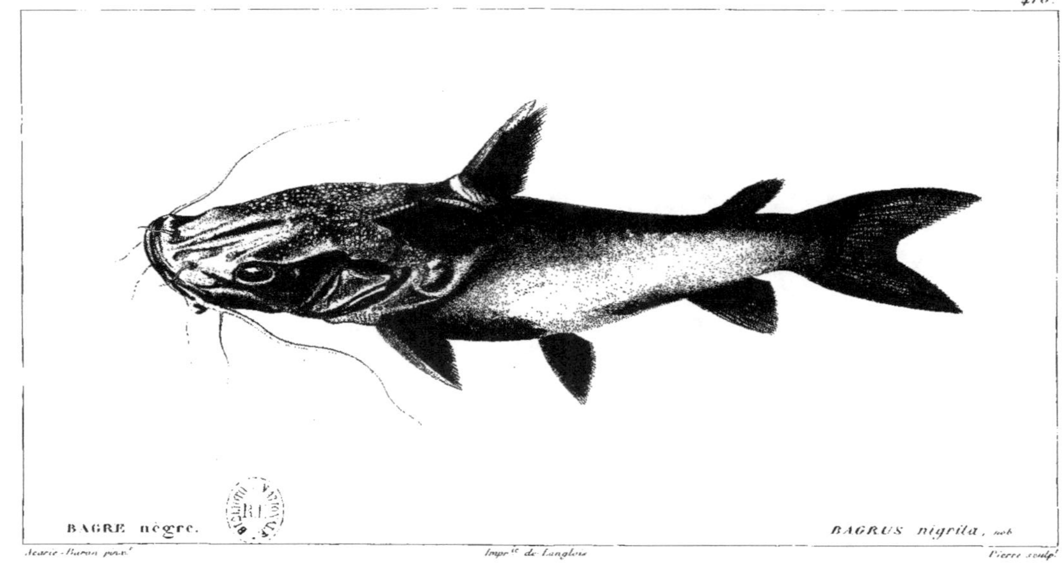

BAGRE nègre.

BAGRUS nigrita, nob.

Acarie-Baron pinx.   Imp.^{te} de Langlois   Pierre sculp.

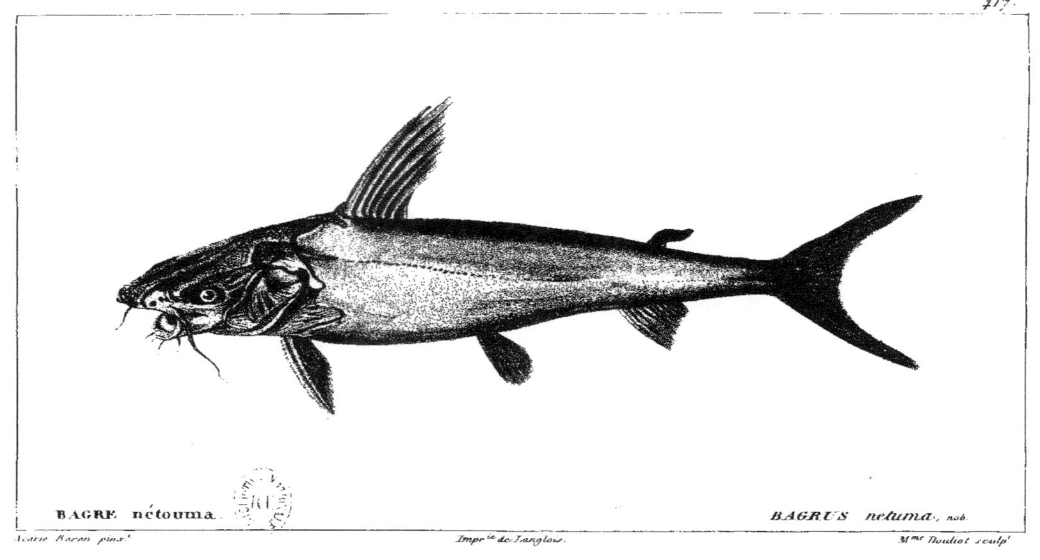

BAGRE nétouma.   BAGRUS netuma, nob.

Acarie Baron pinx.ᵗ   Impr.ⁱᵉ de Langlois.   Mᵐᵉ Bouliot sculp.ᵗ

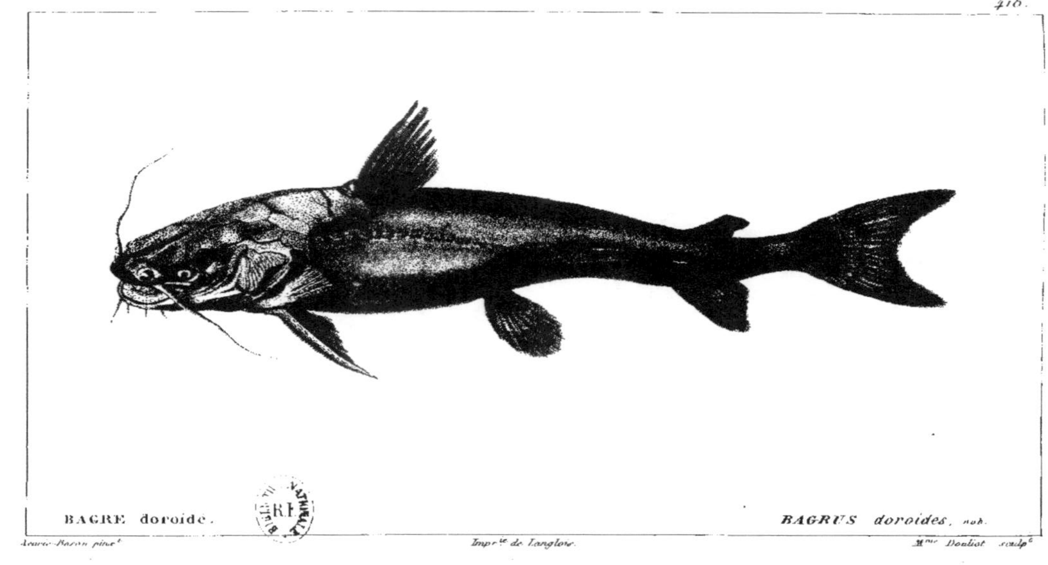

418.

BAGRE doroïde. BAGRUS doroïdes, nob.

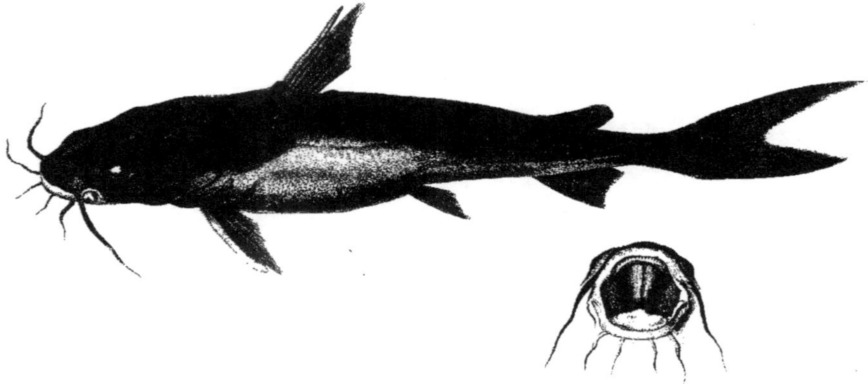

BAGRE à dents sous la joue.

BAGRUS genidens. nob.

Marc Baron pinx.ᵗ   Impr.ⁱᵉ de Langlois   Mᵐᵉ Douliat sculp.ᵗ

419.

420.

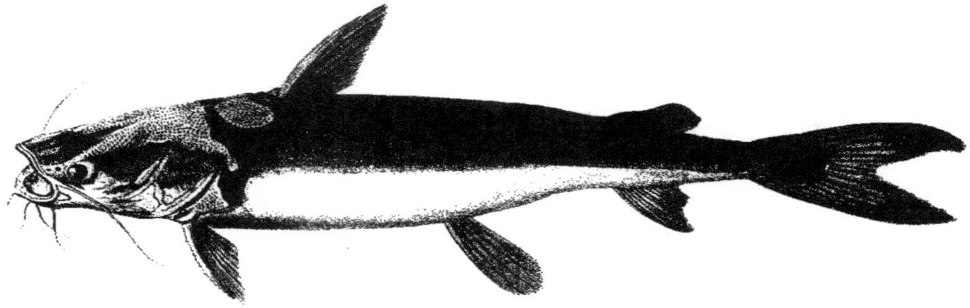

BAGRE machoiran blanc. *BAGRUS albicans*, nob.

Acarie-Baron pinx.t *Impr.ie de Langlois* *M.me Douliot sculp.t*

www.ingramcontent.com/pod-product-compliance
Lightning Source LLC
LaVergne TN
LVHW021433170726
843501LV00005B/1318